青少年 科普图书馆

"科学就在你身边"系列

在深蓝中与你同行

——海洋生物点评

总 主 编　杨广军

副总主编　朱焯炜　章振华　张兴娟
　　　　　胡　俊　黄晓春　徐永存

本册主编　谭湘贵

副 主 编　郭龙伟　侯雪丽
　　　　　王紫臣　倪亚静

上海科学普及出版社

图书在版编目（CIP）数据

在深蓝中与你同行：海洋生物点评/谭湘贵主编.—上海：上海科学普及出版社，2011.1(2018.4 重印)
(科学就在你身边系列 / 杨广军主编)
ISBN 978-7-5427-4677-1

Ⅰ.①在…　Ⅱ.①谭…　Ⅲ.①海洋生物—普及读物
Ⅳ.①Q178.53-49

中国版本图书馆 CIP 数据核字(2010)第 238372 号

组　　稿　胡名正　徐丽萍
责任编辑　徐丽萍　刘湘雯　张怡纳

"科学就在你身边"系列
在深蓝中与你同行
——海洋生物点评
总主编　杨广军
副总主编　朱焯炜　章振华　张兴娟
胡　俊　黄晓春　徐永存
本册主编　谭湘贵
副主编　郭龙伟　侯雪丽　王紫臣　倪亚静
上海科学普及出版社出版发行
(上海中山北路 832 号　邮政编码 200070)
http://www.pspsh.com

各地新华书店经销　　北京一鑫印务有限责任公司印刷
开本 787×1092　1/16　印张 13　字数 198 000
2011 年 1 月第 1 版　　2018 年 4 月第 3 次印刷

ISBN 978-7-5427-4677-1　　定价：25.80 元

卷首语

生命起源于海洋，从海洋中出现最原始的生命到现在的40多亿年的历史中，海洋生物进化经历了从最初的单细胞生物到地球上现存的最长、最重的庞然大物（如蓝鲸），丰富多彩的海洋生物世界在这几十亿年的生命演化过程中被创造。

或许你曾经赞叹辽阔的海洋；或许你也曾惊讶海底的奇妙；或许你曾经为企鹅的憨态而发笑；或许你也曾经在水族馆为海豚的表演而喝彩；甚至儿时的你也曾问过爸爸妈妈，海底是不是真的有龙宫……

海洋以博大的胸怀为地球承载着勃勃生机，也装上了我们的梦想和迷惘。无时无刻的注视中，我们期待着那一份美好。事实上，她也确实给了我们很多，从我们的衣、食到住、行等，无一不有。

让我们一起，走进本书，走进深蓝的世界，与那些可爱的生命体同行，一起玩转海洋生物的世界吧！

目 录

生命的摇篮——话说海洋生物

不可忽视的力量——海洋清洁员微生物

神奇的海底森林——奇异多彩的海洋植物

来自龙宫的朋友——千姿百态的海洋动物

目　录

人类最大的粮仓——丰富的海洋生物资源

我们共同的明天——海洋生物的未来

生命的摇篮

——话说海洋生物

远古的荒芜如何造就今日的繁华？生命的面纱又在哪里揭开？无论你身在何处，这里有的繁荣，都有你我的身影。追寻逝去脚步，去探寻自然界那一份唯美的纯真。千百万年时间的交错，在这里涌现了奇迹的精灵，它们在海洋里生长，分支，进化。浩瀚的海洋孕育了形形色色的海洋生物。这里游弋着闪闪发光的夜光虫，也休憩着身体晶莹透明、随波逐流的水母，形态众多的珊瑚在这里繁衍，五彩缤纷的海葵和“顶盔贯甲”的虾蟹也不甘寂寞地占据一席之地，乌贼在这里“喷云吐雾”，海参在此处炫耀着自己的财富，而那憨态可掬的海豹、硕大无比的巨鲸却在这里叙说着远古的故事……

我们的家园
——海洋的秘密

◆海洋馆

当你和家人朋友一起游乐海洋馆的时候，你是否会为各种海洋生物的奇妙而赞叹？而此时你是否会想起，什么样的环境会造就如此绚丽的生命？你是否想起远古的地球如何形成今天的世界，为我们带来了丰富的生物资源？

你可能绝想不到，海洋生物和我们有着不一般的亲缘关系，这又从何说起，让我们进入到海洋世界里，去探寻曾经发生的事实。

海洋的定义

约占地球表面积71%的盐水水域，我们称其为海洋。海洋中含有13.5

◆大洲与大洋

立方千米大洲与大洋的水，约占地球上总水量的97.5%。全球海洋一般被分为四大洋和一些面积较小的海。四大洋为太平洋、大西洋、印度洋和北冰洋。

海、洋有别

海和洋是一样的吗？

我们平时都说海洋，尽管它们都是蔚蓝到碧绿，美丽而又宽阔，但海和洋不完全是一回事，它们彼此之间是不相同的。

洋，是海洋的主体。世界大洋的总面积，约占海洋面积的近十分之九。大洋的水很深，一般在3000米以上，最深处可达1万多米。因为大洋离陆地遥远，不受陆地各种因素的影响。在大洋中，其水色蔚蓝，透明度很大，水中的杂质很少。

海，是大洋的附属，在洋的边缘。海的面积约占海洋的十分之一，海的水深比较浅，一般低于3000米。因海临近大陆，受大陆各种因素影响，从而使海水的温度、盐度、颜色和透明度，都受陆地影响，有明显的变化。

海的种类

海可以分为边缘海、内陆海。

边缘海

边缘海既是海洋的边缘，又临近大陆前沿，如我国的东海、南海就是太平洋的边缘海。

从世界地图上，我们可以很清楚地看到，重要的边缘海多分布于北半球，它们部分为大陆或岛屿包围，如加勒比海、地中海、中国的黄海、东海和日本海。

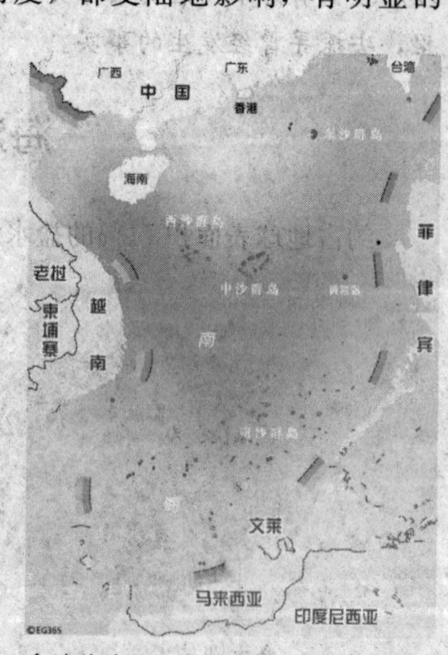

◆边缘海——南海

内陆海

内陆海，即位于大陆内部的海，如欧洲的波罗的海等，世界主要的海接近50个。各大洋海的数量随四大洋的面积大小而渐少，太平洋最多，大西洋次之，印度洋和北冰洋差不多。

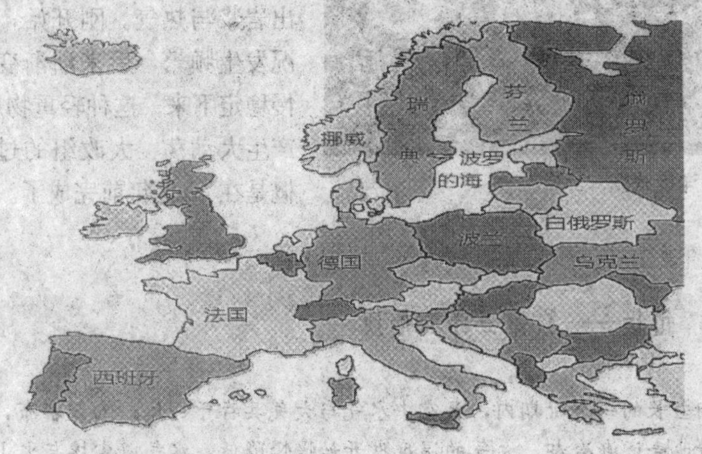

◆内陆海——波罗的海

海洋是怎样形成的？海水是从哪里来的？

要回答这个问题，还得先看看地球的形成。

大约在50亿年前，从太阳星云中分离出一些大小不一的星云团块。它们一边绕太阳旋转，一边自转。在这个过程中，互相碰撞，有些团块彼此结合，由小变大，逐渐成为原始的地球。星云团块碰撞过程中，使原始地球不断受到加热增温；在高温下，内部的水分汽化，与气体一起冲出来，飞升入空中。但是由于地心的引力，它们不会跑掉，只在地球周围，成为气水合一的圈层。

◆火山与闪电同行

◆原始海洋模式图

然而位于地表的一层地壳，在冷却凝结过程中，不断地受到地球内部剧烈运动的冲击和挤压，从而变得褶皱不平，有时还会被挤破，形成地震与火山爆发，喷出岩浆与热气。刚开始，这种情况发生频繁，后来渐渐变少，慢慢稳定下来。这种轻重物质分化，产生大动荡、大改组的过程，大概是在45亿年前完成了。

链接——原始海洋的形成

在相当长的一个时期内，天空中水气与大气共存于一体；浓云密布，天昏地暗，随着地壳逐渐冷却，大气的温度也开始慢慢降低，水气以尘埃与火山灰为凝结核，变成水滴，越积越多。由于冷热不均，空气对流剧烈，形成雷电狂风，暴雨浊流，滔滔的洪水，通过千川万壑，汇集成巨大的水体，这就是原始的海洋。

知识窗

原始海洋的特点

原始的海洋，海水是酸性缺氧的，而不是咸的。水分不断蒸发，反复地成云致雨，重又落回地面，把陆地和海底岩石中的盐分溶解，不断地汇集于海水中。经过亿万年的积累融合，才变成了今天这样大体均匀的咸水。同时，由于当时大气中没有氧气，也没有臭氧层，紫外线可以直达地面。

生命诞生于海洋。大约在38亿年前，首先在海洋里产生了有机物，先有低等的单细胞生物。在6亿年前的古生代，有了海藻类生物，在阳光下进行光合作用，产生了氧气，通过慢慢的积累，形成了臭氧层。此时，生物才开始登上陆地。

最后，经过水量和盐分的逐渐增加，以及地质历史上的沧桑巨变，原始海洋逐渐演变成今天的海洋。

海洋生态

> 生态系统（ecosystem）指由生物群落与无机环境构成的统一整体。生态系统的范围可大可小，相互交错，最大的生态系统是生物圈。

海洋是许多动植物以及微生物的生活之地，其中的绿藻是大气层氧气的主要生产者之一，而热带珊瑚礁是地球上物种最丰富的生态系统（甚至比热带雨林还丰富）。所以说海底是一个多彩的世界，人类对于深海生物的了解至今仍知之甚少。

海洋拥有许多陆地上没有的动植物种类，其种类数量甚至比陆地上的更加繁多，而且海洋内仍有相当多未被发现的生物品种和许多陆地上没有或稀有的矿藏、金属。

◆珊瑚礁

1. 海与洋的区别，如何分类？
2. 原始海洋是如何形成的，它有什么特点？

我们的地位
——海洋生物简介

◆丰富的海洋生物

浩瀚的海洋是生命的摇篮。海洋动物的体型和个体大小差别都很大，从几毫米的蜱螨类、棘头虫类到长达33米、重达170多吨的蓝鲸，更有聪明灵巧的海豚，可以说形形色色、千姿百态。海洋动物是我们人类所需要的动物蛋白的最主要来源之一。人类在工业、医药等许多方面也有赖于海洋动物。辽阔的海洋中，还有种类繁多的海洋植物。海洋植物可分为两类：低等的藻类植物，如我们常吃的海带，藻类大小悬殊，最小的单细胞藻类只有在显微镜下才能看到；而最大的巨藻长二三百米，称得上是庞然大物。高等的种子植物，如大叶藻、红树林等，种类很少。海洋植物可以称得上是海洋世界的“肥沃大草原”。它们不仅是海洋中鱼、虾、蟹、贝、鲸等动物的美味佳肴，而且还是人类理想的绿色食品；它们不仅是藻胶工业和农业肥料的提供者，而且还是制造海洋药物的重要原料。

海洋生物的定义

海洋生物是指海洋里的各种生物，包括海洋动物、海洋植物、微生物及病毒等。有海洋科技工作者通过对我国海洋生物的调查研究，已在我国管辖海域记录到了5个生物界、44个生物门共计20278种海洋生物。其中种类最多的是动物界，原核生物界最少。我国的海洋生物种类约占全世界海洋生物总种数的10%。

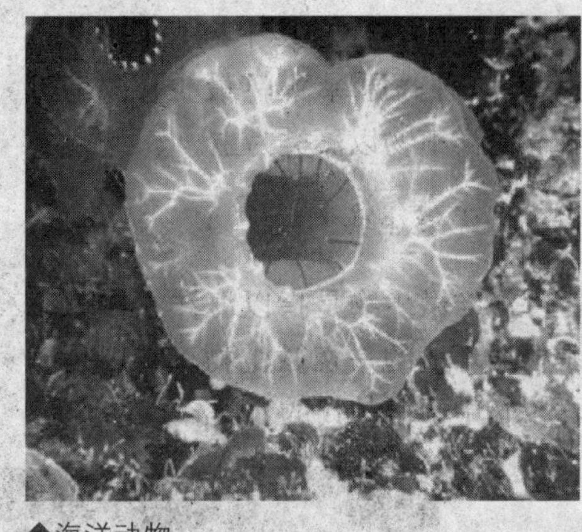

◆海洋动物

海洋生物的分类

海洋生物分类方法多样。按照传统分类方式，大致可以分为三类。

海洋动物

海洋动物是海洋中异养型生物的总称，是重要的生命支持系统，海洋动物作为生物界重要的组成部分其门类繁多，各门类的形态结构和生理特点有很大差异。微小的有单细胞原生动物，大的有长超过30米、重可超过190吨的蓝鲸。从海上至海底，从岸边或潮间带至最深的海沟底，都有海洋动物。

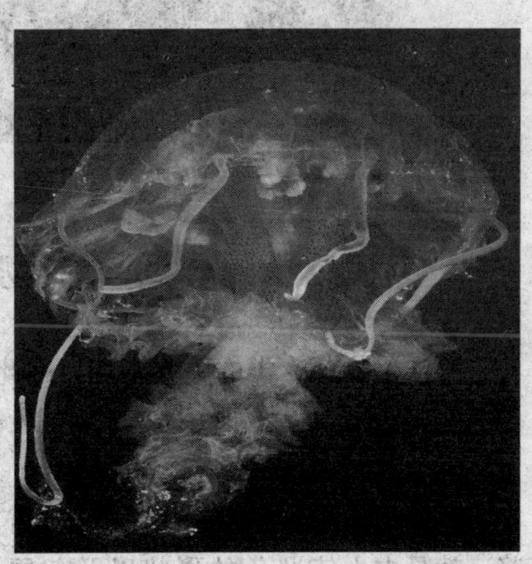

◆水母

海洋植物

我们把海洋中利用叶绿素进行

光合作用以生产有机物的生物叫做自养型生物。从低等的无真细胞核藻类到高等的种子植物，门类甚广，共13个门，1万多种。其中硅藻门最多，达6000种；原绿藻门最少，只有1种。海洋植物以藻类为主。

◆海洋植物

海洋微生物

海洋微生物是指以海洋水体为正常栖居环境的一切微生物。它们是海洋生物中不可替代的一类。

◆海洋微生物

海洋生物的价值

海洋生物与人类的关系密切，因此了解海洋生物意义重大。

科学研究

比如仿生学，早在远古时代，人们就已开始模仿生物了。舟船、舵和桨，就是古人依照鱼的形状以及鱼尾和鱼鳍发明出来的。依据海豚的体

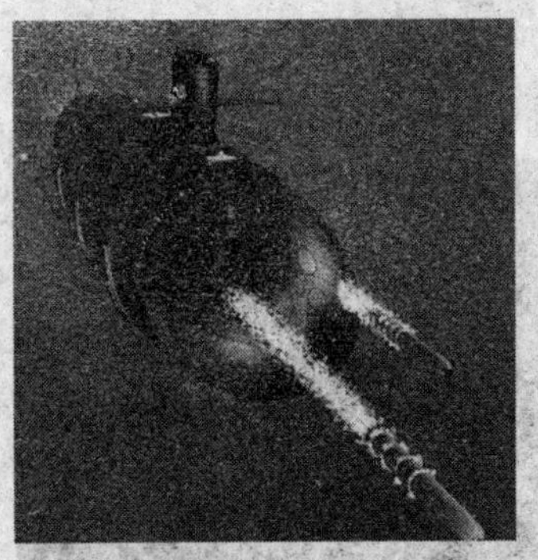
◆潜艇和鱼雷

◆海马

形、皮肤结构等特点，设计出的潜艇、鱼雷和小型船只的水下部分，可减少阻力 20%～50%。

食用价值

“海洋生物多样，注定成为人们猎食的场所。自古以来，人们就喜食海产品，而到今天，海洋食品在我们的活中越来越多，鱼、虾、蟹、贝、藻类（海带、紫菜）这些海洋食品在我们的餐桌上随处可见。而近些年，随着人们对保健食品的喜爱，海洋食品就又以其独特的生物活性成分越来越受到关注。而且由于海洋食品加工方式的不断进步，海洋食品进入我们饮食的方式也就更加多样，我们在无形中接触到了海洋产品，而自己却不知道。相信海洋食品的明天将更加灿烂。”

食谱——海带炖排骨

配料：排骨 500g，海带结 150g，姜 1 小块，葱结 1 个，酒 1 大匙，盐适量，鸡粉适量。

操作：1. 排骨洗净后入沸水中焯水，用清水冲洗干净，姜切成片；2. 海带结用水泡透，洗净沙泥，用水煮开后，再用清水洗净，沥干水；3. 锅中加入排骨、海带结、姜片、葱结和水，煮开后加酒，转小火煮 2 小时，用盐、鸡粉调味即可。

◆营养佳品——海带

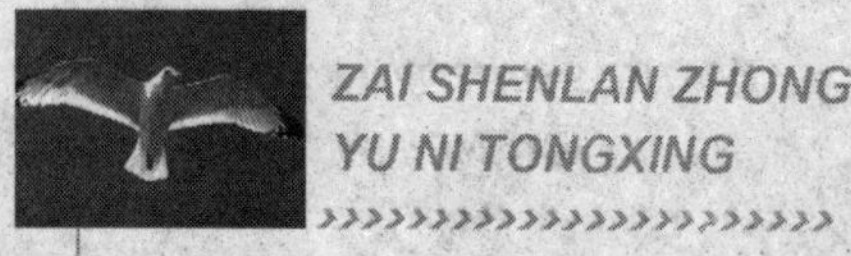

药用材料

海洋生物是生物活性物质的宝库。20 世纪 60 年代以来，已从海洋生物中分离得到 6000 余种结构明确的化合物，且其中有近 3000 种具有一定的生理活性。这些具有活性的独特化合物的结构，给药物学家提供了难得的药物设计分子模型，启迪着他们的药物设计思维。

◆可能的生物能源——巨藻

当然海洋生物的价值远不止这些，尚有可作为能源物质、新材料和作为农作物所用的化肥或用以观赏等许多功能，我们在这里不再一一表述，而且随着科学技术的进步，许多尚未发现的功能或许也会造福人类。

1. 海洋生物的定义。
2. 海洋生物的分类。
3. 海洋生物的价值。

我们来自何方
——海洋生物的起源

◆女娲造人

生命是什么？生命是怎样诞生的？从古到今，这些问题争论了几千年。过去，人们只有通过想像的神话宗教来作为这个问题的答案，如我国的“女娲造人”，西方的“上帝创世”等，但这些都不能代替科学的答案。本节我们将从生命的起源说起，一起来探讨生命来自何方——海洋生物的归宿，以及原始地球如何产生生物。

生命的起源

地球在宇宙中形成以后，开始是没有生命的。那么生命是如何诞生的呢？有一种理论就是化学演化。

链接——化学演化

化学演化就是说大气中的有机元素氢、碳、氮、氧、硫、磷等在自然界各种能源（如闪电、紫外线、宇宙线、火山喷发等等）的作用下，合成有机分子（如甲烷、二氧化碳、一氧化碳、水、硫化氢、氨、磷酸等等）。这些有机分子进一步合成，变成生物单体（如氨基酸、糖、腺甙和核甙酸等）。这些生物单体通过进一步聚合作用变成生物聚合物，如蛋白质、多糖、核酸等。这一过程叫做化学演化。

蛋白质出现后，最简单的生命也随着诞生了。这是发生在距今大约 36 亿多年前的一件大事。从此，地球上就开始有生命了。

科学故事——米勒人工合成氨基酸

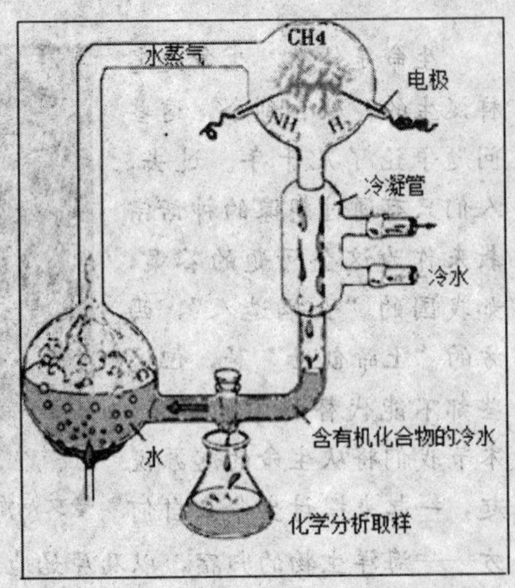

◆米勒实验的装置

1953 年，美国芝加哥大学的“教授会”上，正在审议一位博士研究生斯唐来·米勒设计的实验方案。米勒的导师，是曾经获得诺贝尔奖的尤里教授。

教授们看清楚米勒的实验方案后，不禁大吃一惊：年仅 23 岁的米勒，竟然想在容器里人工合成氨基酸！

“氨基酸是构成生命的重要物质基础，还没有生命的地球经过几十亿年才孕育出来，怎么可能在试管中形成呢?”

“年轻人，不要浪费宝贵的时间和精力，这是绝对不可能实现的计划!”

这位乳臭未干的年轻人设计的实验方案，在一些教授看来只不过是个荒唐离奇的梦想，简直就是异想天开!

可是，尤里教授却镇定自若地说：“没有想过的，并不意味着不可能成功。”

米勒更是充满自信：“只要我们能模拟出原始地球的还原性大气，再模仿当时经常电闪雷鸣的自然条件，就很有可能产生氨基酸!”

正是由于他们从无机物中获得了氨基酸等一些重要的构成生命基础物质的有机小分子，从此揭开了生命起源的“神秘面纱”。

米勒人工合成氨基酸实验过程

他们将装置内的空气抽出，然后模拟原始地球上的大气成分，通入甲烷、氨、氢、水蒸气等气体，并模拟原始地球条件下的闪电，连续进行火花放电。最后，在U型管内检验出有氨基酸生成。氨基酸是组成蛋白质的基本单位，因此，探索氨基酸在地球上的产生是有重要意义的。

讲解——氨基酸

含有氨基和羧基的一类有机化合物的通称。生物功能大分子蛋白质的基本组成单位，是构成动物营养所需蛋白质的基本物质。是含有一个碱性氨基和一个酸性羧基的有机化合物。氨基连在α—碳上的为α—氨基酸。天然氨基酸均为α—氨基酸。

α—氨基酸的结构通式：

$$\begin{array}{c} \quad NH_2 \\ \quad | \\ R\text{—}CH\text{—}COOH \end{array}$$

构成蛋白质的氨基酸都是一类含有羧基并在与羧基相连的碳原子下连有氨基的有机化合物，目前自然界中尚未发现蛋白质中有氨基和羧基不连在同一个碳原子上的氨基酸。

1. 哪种物质的出现，意味着生命形式的出现？
2. 米勒的成功给你怎样的启示？

我们走向何处
——海洋生物的前进之路

生物进化是指一切生命形态发生、发展的演变过程。“进化”一词来源于拉丁文 evolutio，意为“展开”，一般用以指事物的缓慢变化和发展，由一种状态到另一种状态。1972 年，瑞士科学家邦尼特最先将该词用于生物学中。

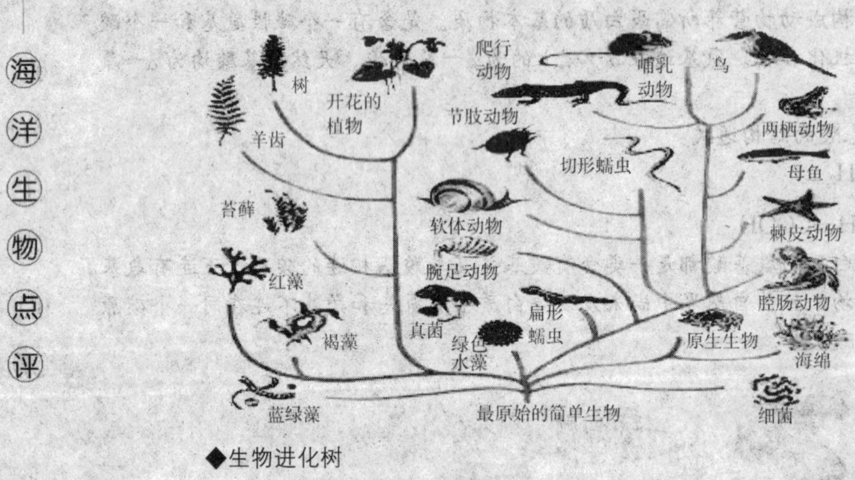

◆生物进化树

生物进化观点的起源

古希腊的亚里士多德通过对他那个时代有关动物的知识的系统整理，把 540 种动物按性状的异同分为有血的和无血的两大群，每群之下又分为若干类。他进一步提出生物等级即生物阶梯的观念，认为自然界所有生物形成一个连续的系列，即从植物一直到人逐渐变得完善起来的直线系列。

名人介绍——亚里士多德

◆亚里士多德

亚里士多德是古希腊最伟大的哲学家、科学家和教育家之一。恩格斯称他是古代的黑格尔和“最博学的人”。公元前384年，亚里士多德生于希腊一个中等收入家庭，其父是马其顿国王腓力二世的宫廷侍医。公元前366年亚里士多德被送到雅典的柏拉图学园学习，此后20年间亚里士多德一直住在学园，直至老师柏拉图去世。苏格拉底是柏拉图的老师，亚里士多德又受教于柏拉图，这三代师徒被称为“古希腊三贤”。亚里士多德尊重老师而又不盲目崇拜，“吾爱我师，吾更爱真理”就是他讲的。亚里士多德在许多方面都有自己的创新，一生勤奋治学，从事的学术研究涉及到逻辑学、修辞学、物理学、生物学、教育学、心理学、政治学、经济学、美学等，写下了大量的著作。他的思想对人类产生了深远的影响。他创立了形式逻辑学，丰富和发展了哲学的各个分支学科，对科学作出了巨大的贡献。

他的著作是古代的百科全书，据说有170多部，流传下来的有47部。主要有《工具论》、《形而上学》、《物理学》、《伦理学》、《政治学》、《诗学》等。

公元前323年，亚里士多德的学生、希腊的实际统治者、马其顿人亚历山大病故，雅典立刻掀起了反马其顿的狂潮，很多人开始攻击亚里士多德。在朋友的帮助下，亚里士多德逃出了雅典，但是第二年他就去世了，终年六十三岁。

其实除了亚里士多德，在我们中国战国时期汇集的《尔雅》一书也记载了生物类型的变化；汉初的《淮南子》一书，不仅对动植物作了初步分类，而且提出了各类生物是由其原始类型发展而来的观点。

生物进化观点的发展

◆拉马克

◆C·R·达尔文

近代科学诞生以前，进化思想发展缓慢，当时广为流行的是神创论和物种不变论。这种观点直到18世纪仍在生物学中占统治地位，其代表人物是瑞典植物学家林耐 Carl von Linné，（1707～1778年）。他所提出的分类系统虽然有助于揭示生物物种之间的历史联系，但他却把物种看作是上帝创造的不可改变的产物。

法国学者布丰 Georges Louis Leclerc de Buffon，（1707～1788年）相信物种是变化的，现代的动物是少数原始类型的后代。

1809年，另一位法国学者拉马克 Jean Baptiste Pierre Antoine de Monet Lamarck，（1744～1829年）在其《动物学哲学》中，用环境作用的影响、器官的用进废退和获得性的遗传等原理解释生物进化过程，创立了第一个比较严整的进化理论。

1859年C·R·达尔文发表《物种起源》一书，论证了地球上现存的生物都由共同祖先发展而来，它们之间有亲缘关系，并提出自然选择学说以说明进化的原因，从而创立了科学的进化理论，揭示了生物发展的历史规律。

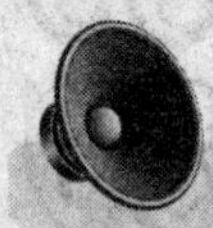

名人介绍——达尔文

C·R·达尔文，英国生物学家，进化论的奠基人。曾乘贝格尔号舰作了历时5年的环球航行，对动植物和地质结构等进行了大量的观察和采集。出版《物种起源》这一划时代的著作，提出了生物进化论学说，从而摧毁了各种唯心的神造论和物种不变论。除了生物学外，他的理论对人类学、心理学及哲学的发展都有不容忽视的影响。澳大利亚有以达尔文命名的城市。恩格斯将“进化论”列为19世纪自然科学的三大发现之一。

知识窗

19世纪自然科学的三大发现

1. 细胞学说是19世纪30年代，由德国植物学家施莱登和动物学家施旺提出的。

2. 能量守恒和转化定律是多人研究的结果。

3. 生物进化论。1859年，英国博物学家达尔文出版了《物种起源》。其中提出了自然选择观点。

19世纪80年代以来，以A·魏斯曼（1834～1914年）为代表的新达尔文主义，把种质论和自然选择学说相结合，丰富了达尔文的进化理论。20世纪30年代以来，以T·杜布尚斯基（1906～1975年）等人为代表的综合进化论综合了细胞遗传学、群体遗传学以及古生物学等学科的成就，进一步发展了以自然选择为核心的进化理论。

生物进化的历程

植物的进化

地球上的生命，从最原始的无细胞结构生物进化为有细胞结构的原核

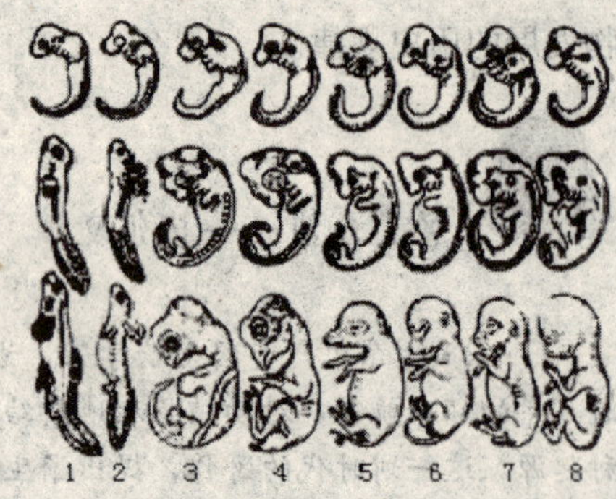

1.鱼 2.蝾螈 3.龟 4.鸡 5.猪 6.牛 7.兔 8.人

◆7 种脊椎动物和人的胚胎发育比较

生物，从原核生物进化为真核单细胞生物，然后按照不同方向发展，出现了真菌界、植物界和动物界。

植物界从藻类到裸蕨植物再到蕨类植物、裸子植物，最后出现了被子植物。

动物的进化

动物界从原始鞭毛虫到多细胞动物，从原始多细胞动物到脊索动物，进而演化出高等脊索动物——脊椎动物。脊椎动物中的鱼类又演化到两栖类再到爬行类，从中分化出哺乳类和鸟类，哺乳类中的一支进一步发展为高等智慧生物，这就是人。

万 花 筒

生物进化的规律

生物界的发展历史表明，生物进化是从水生到陆生、从简单到复杂、从低等到高等的过程，从中呈现出一种进步性发展的趋势，胚胎学证据证明了这一点。

进化中的特例

生物进化的道路是曲折的，表现出种种特殊的复杂情况。除进步性发展外，生物界中还存在特化和退化现象。

特化不同于全面的生物学的完善化，它是生物对某种环境条件的特异适应。这种进化方向有利于一个方面的发展却减少了其他方面的适应性，如马由多趾演变为适于奔跑的单蹄。

◆奔驰中的马

当环境条件变化时，高度特化的生物类型往往由于不能适应而灭绝，如爱尔兰鹿，由于过分发达的角对生存弊多利少，以至终于灭绝。

对寄生或固着生活方式的适应，也可使机体某些器官和生理功能趋向退化。如有一种深海寄生鱼，雄体寄生在雌体上，雄体消化器官退化，唯有精巢特别膨大，以保证种族繁衍。

小书屋

多倍体：由受精卵发育而来的、体细胞内含有三个或者三个以上的染色体组的生物。马铃薯是四倍体，香蕉是三倍体，而普通小麦是六倍体。

生物进化的方式

生物界各个物种和类群的进化，是通过不同方式进行的。物种形成（小进化）主要有两种方式：

渐进式形成

一种是渐进式形成，即由一个种逐渐演变为另一个或多个新种。渐进进化是达尔文进化论的一个基本概念。达尔文认为，在生存斗争中，由适应的变异逐渐积累就会发展为显著的变异而导致新种的形成。因为“自然选择只能通过累积轻微的、连续的、有益的变异而发生作用，所以不能产生巨大的或突然的变化，它只能通过短且慢的步骤发生作用”。

爆发式形成

另一种是爆发式形成，即多倍体物种形成，这种方式在有性生殖的动物中很少发生，但在植物的进化中却相当普遍，世界上约有一半左右的植物种是通过染色体数目的突然改变而产生的多倍体。物种形成（大进化）常常表现为爆发式的进化过

◆动物化石

程，从而使旧的类型被迅速发展起来的新生的类型所替代。

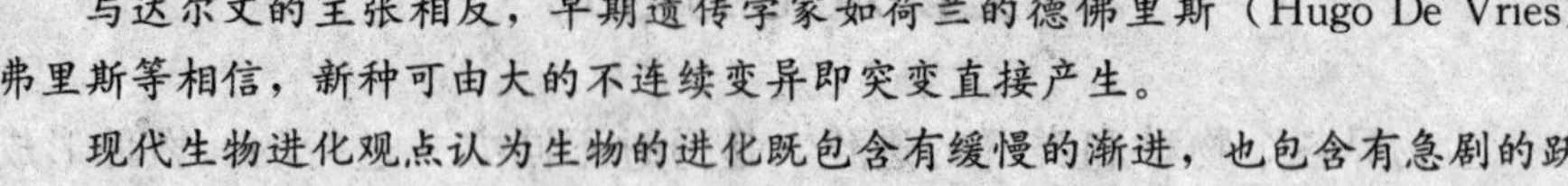

小知识——生物大爆发

被称为古生物学和地质学上的一大悬案——寒武纪生命大爆发，自达尔文以来就一直困扰着进化论等学术界。大约6亿年前，在地质学上称作寒武纪的开始，绝大多数无脊椎动物门在几百万年的很短时间内出现了。这种几乎是“同时”地、“突然”地出现在寒武纪地层中门类众多的无脊椎动物化石（节肢动物、软体动物、腕足动物和环节动物等），而在寒武纪之前更为古老的地层中长期以来却找不到动物化石的现象，被古生物学家称作“寒武纪生命大爆发”，简称“寒武爆发”。

与达尔文的主张相反，早期遗传学家如荷兰的德佛里斯（Hugo De Vries）弗里斯等相信，新种可由大的不连续变异即突变直接产生。

现代生物进化观点认为生物的进化既包含有缓慢的渐进，也包含有急剧的跃进；既是连续的，又是间断的。整个进化过程表现为渐进与跃进、连续与间断的辩证统一。

本节回顾

1. 简述生物进化观点的发展过程。
2. 生物进化的方式有哪些？

不可忽视的力量

——海洋清洁员微生物

它们是一群生活在海洋中、我们无法用肉眼观察到的微生物，别看个小，可是它们的作用不可忽视。

善待海洋，它们可以给我们美好的一面，成为海洋天然的清洁员。污染海洋，它们会马上变成恶魔，成为海洋中的传播死亡的死神。

这些海洋中的微生物包括哪些呢？它们为何会如此善变呢？它们与人类到底是怎么一个关系呢？我们或许可以在这章找到一些答案。

个小志不小
——海洋微生物简介

广义上，我们认为以海洋水体为正常栖居环境的一切微生物都属于微生物学的对象。狭义微生物学应包括细菌、真菌及噬菌体等对象。

◆石油钻井平台

海洋细菌是海洋生态系统中的重要一环。作为分解者它促进了物质循环；在海洋沉积成岩及海底成油成气过程中，都起了非常重要的作用。当然还有一些自养菌则是深海生物群落中的生产者，它的巨大分解潜能几乎可以净化各种类型的污染，它还可能提供新抗生素以及其他生物资源。因此随着研究技术的进展，海洋微生物日益受到重视。

海洋细菌当然也不都是有利的，在特定条件下某些细菌的代谢产物如氨及硫化氢也可毒化养殖环境，从而造成经济损失。

海洋微生物特点

与陆地相比，海洋环境有几个特殊的特性：高盐、高压、低温和低营养。海洋微生物长期适应这样复杂的海洋环境而生存，因而有其独具的特性。

如何认识海洋微生物和陆地微生物的特点？

关键在于环境，海洋微生物的特点与海洋环境密不可分，陆地微生物亦然。

嗜盐性

海洋微生物最普遍的特点是其生长必需海水。海水中富含各种无机盐类和微量元素。钠为海洋微生物生长与代谢所必需。此外，钾、镁、钙、磷、硫和其他微量元素也是某些海洋微生物生长所必需的。

知识窗

嗜冷微生物

那些能在0℃生长或其最适生长温度低于20℃的微生物称为嗜冷微生物。嗜冷菌主要分布于极地、深海或高纬度的海域中。其细胞膜构造具有适应低温的特点。那种严格依赖低温才能生存的嗜冷菌对热反应极为敏感，即使中温就足以阻碍其生长与代谢。

嗜冷性

大约90%海洋环境的温度都在5℃以下，绝大多数海洋微生物的生长要求较低的温度，一般温度超过37℃就停止生长或死亡。

嗜压性

海洋中静水压力因水深而异，海洋最深处的静水压力可超过1000大气压。

低营养性

海水中营养物质比较稀薄，部分海洋细菌要求在营养贫乏的培养基上生长。

发光性

在海洋细菌中只有少数几个属表现发光特性。发光细菌通常可从海水或鱼产品上找到。因为细菌发光现象对理化因子反应敏感，有人就试图利用发光细菌作为检

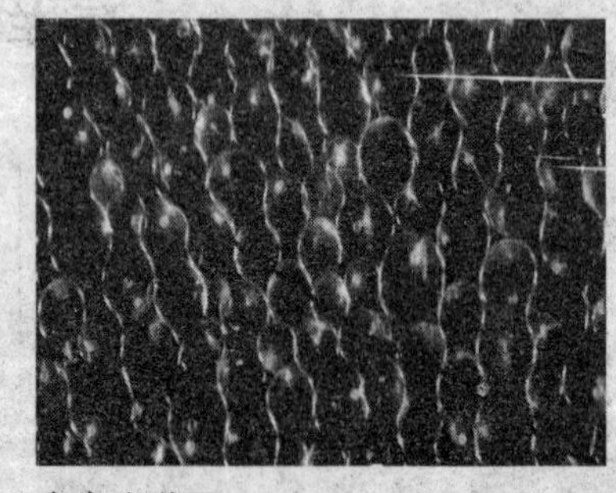

夜光藻属

验水域污染状况的指示菌。

1. 生物的特性分析，首先要从哪方面入手？
2. 根据第 1 题的方法，试归纳海洋微生物的特点。

安能辨我是雌雄——蓝细菌

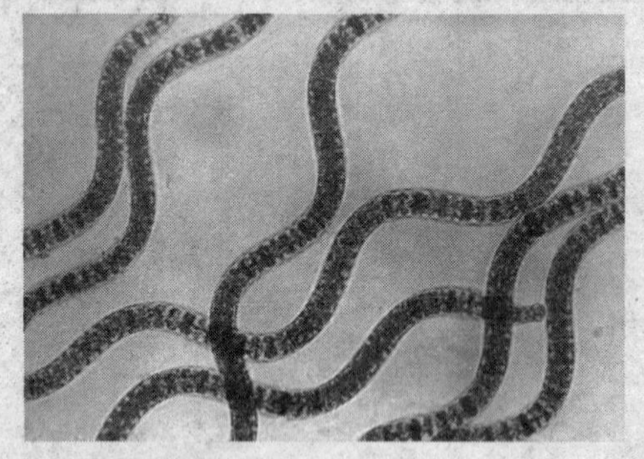
◆螺旋藻——蓝藻

蓝细菌是一类低等生物，有人把它归为微生物中的细菌，也有科学家认为应该归为低等植物，应为蓝藻。至今在分类上还存在归属问题。它是一类进化历史悠久、含叶绿素和藻蓝素（但不形成叶绿体）、能进行产氧性光合作用的大型原核微生物。它包括许多种类。

蓝细菌简介

蓝细菌在植物学和藻类学中被归为蓝藻门。

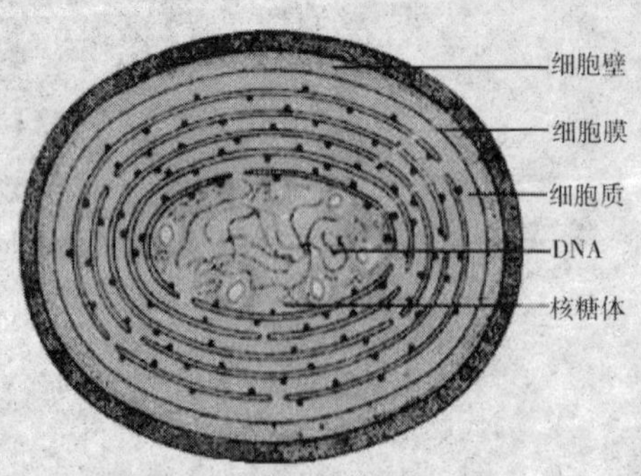

◆蓝细菌结构模式图

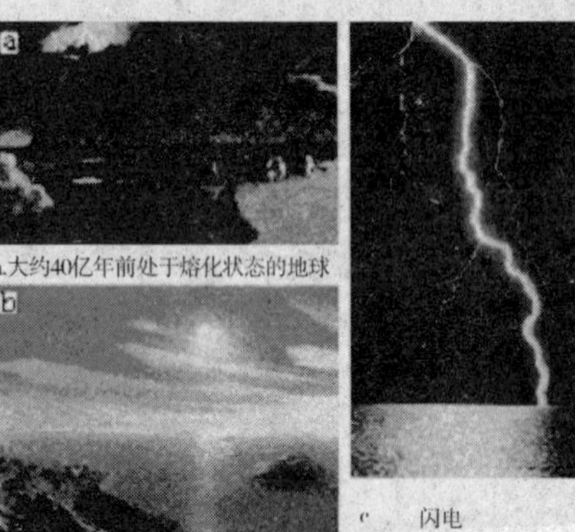
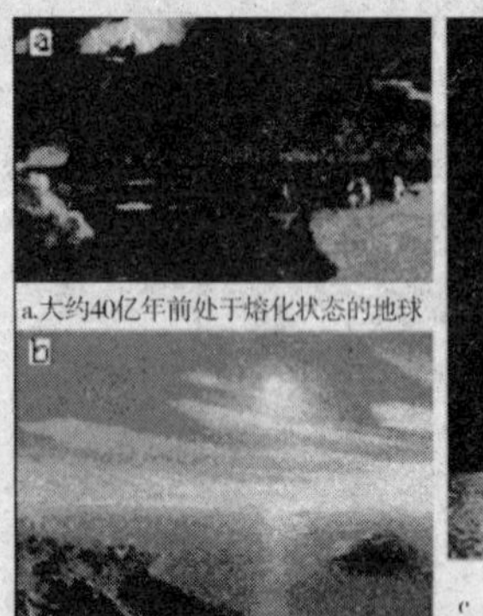
a.大约40亿年前处于熔化状态的地球
b.大约35亿年前、原始地球变冷、无任何生物、地球外围气呈蓝黑色
c　闪电
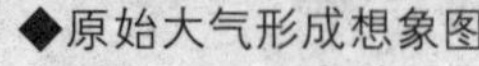
◆原始大气形成想象图

由于它的细胞结构简单，只具原始核，没有核膜和核仁，只有拟核，

具有叶绿素和藻蓝素，没有叶绿体，因此是一类原核生物。这一类细菌叫蓝细菌，它对于研究生物进化有重要意义。

蓝细菌是一种相当古老的生物，在大约50亿年前，地球本是无氧的环境，使地球由无氧环境转化为有氧环境，是由于蓝细菌出现后进行光合作用产氧所致。

蓝藻的分布

蓝细菌分布非常广，从热带到两极，从海洋到高山，到处都可以看到它们。它对很多环境都能适应，在土壤、岩石甚至在树皮或其他物体上均能成片生长。

许多蓝细菌生长在池塘和湖泊中，并形成菌胶团浮于水面。

但是有的在80℃以上的热温泉、含盐多的湖泊或其他极端环境中，也是占优势的或者是唯一能进行光合作用的生物。

蓝藻的价值

蓝藻是最早的光合放氧生物，对地球表面有氧环境起了巨大的作用。比如说有些蓝藻（如鱼腥藻）可以直接固定大气中的氮，以提高土壤肥力。当然还有的蓝藻是人们的食品，比如著名的发菜和普通念珠藻（地木耳）、螺旋藻等。

◆地木耳

蓝藻的危害

在一些营养丰富的水体中，有些蓝藻常在夏季进行大量繁殖，并在水面形成一层蓝绿色而有腥臭味的浮沫，称为“水华”，大规模的蓝藻爆发，

◆赤潮

被称为“绿潮”，而在海洋发生的我们称之为赤潮。绿潮和赤潮引起水质恶化，严重时耗尽水中氧气而造成鱼类的死亡。

蓝藻的天敌

在自然界中，任何生物都有天敌，蓝藻也不例外，蓝藻等藻类是某些鱼类的食物，可以通过投放此类鱼苗来治理藻类，防止藻类爆发。

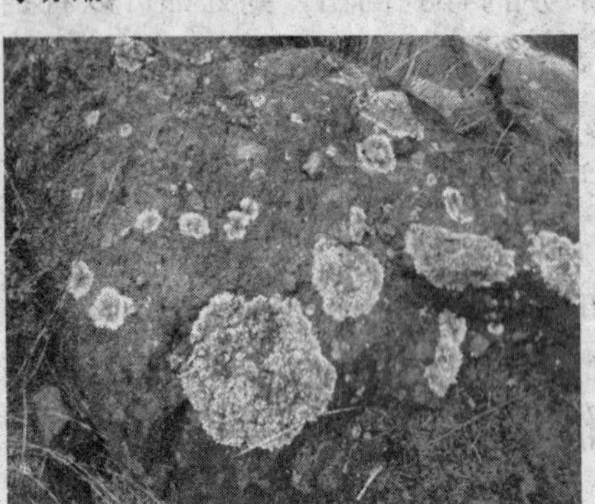
◆地衣

蓝藻的共生

一些蓝细菌还能与真菌、苔藓、蕨类和种子植物共生，如地衣是蓝细菌与真菌的共生体。

链接——原生生物

地衣是由藻类（共生藻）和菌类（共生菌）共生而形成的生物复合体。共生藻经光合作用产生碳素营养供给共生菌，共生菌的菌丝组织编织成一个网状的骨架和厚实的皮壳，球形的、椭圆形的藻类就充填在里面，除起到保护作用外，还通过吸水和失水作用，积累高浓度的可溶性矿物盐供给藻细胞。这样，就组成了一个个呈壳状、叶状、树枝状的地衣植物。地衣是生物界互利共生最典型的体现。

地衣对大气污染十分敏感，特别是对城市大气中所含的氟化氢、二氧化硫、一氧化碳等有害气体十分敏感，这些有害气体往往导致地衣体不同程度的解体死亡。利用这一特性，地衣可用于大气污染监测，是最佳的“生物监测指示植物”。所以有地衣的存在，说明当地的环境尚可。

生命的守候者
——海洋原绿藻

这是一种对生命的执著，它独自守候原绿藻门这一门生物。这是生物进化的证据，它供给科学家以证明生物分类上的各门之间的联系。这是怎样的一种生物，它会带给我们惊喜吗？它最终的守候又将归于何处？它又流浪在何方？让我们一起关注。

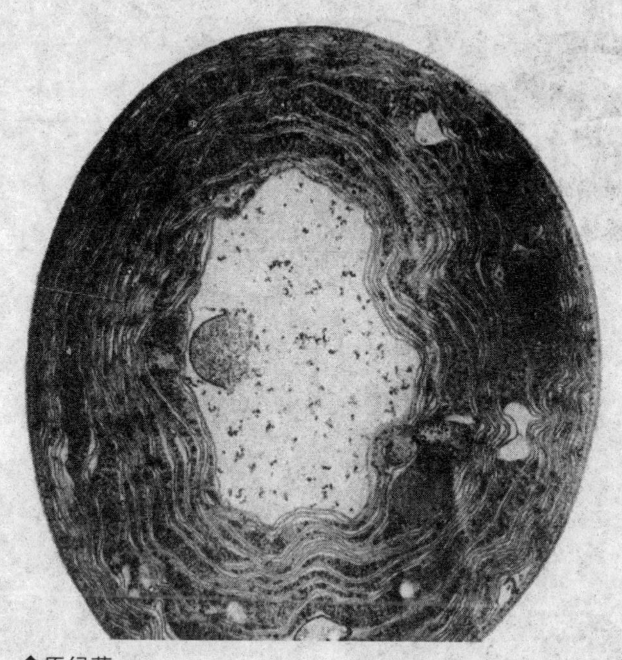

◆原绿藻

原绿藻的分类

这是附生在海鞘上的一种原核生物，以前归于蓝藻类中，而现在我们认为原绿藻是原绿藻门的唯一种。

原绿藻的分布

> 它是单细胞、草绿色，主要聚生在珊瑚礁潮下带上部某些胶质的壳状动物体上，特别是死珊瑚体上的海鞘类。

分布：现在已在许多热带海域，包括中国的西沙群岛和海南岛的三亚西洲岛发现。这种原始海藻都与死珊瑚上的胶质的海鞘类动物共生，很多年以来，科学家们一直认为所有原核的藻类都属于蓝藻门。

1. 原绿藻的分类？
2. 原绿藻的分布？

星星之光
——发光杆菌和射光杆菌

它们是一群海洋中的时尚达人，喜欢把自己打扮得漂漂亮亮；它们是海洋中一群低调者，总喜欢把美丽藏在深处；它们是一群微不可见的生物，总是难觅踪影；它们就是海洋中的发光杆菌和射光杆菌。它们不仅在海洋中有分布，同样也出现在陆地上。

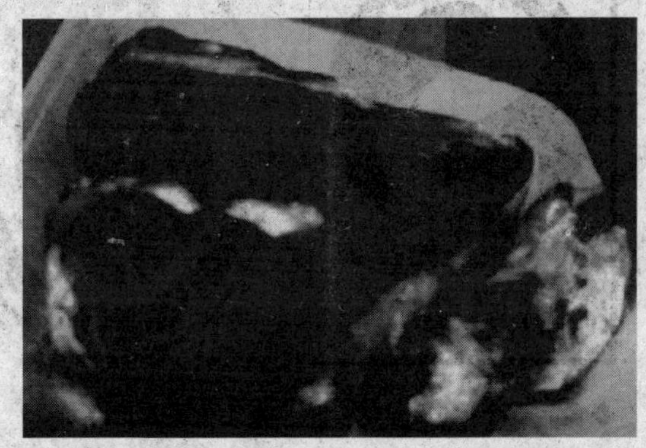
◆发蓝光的猪肉

发光杆菌和射光杆菌的分布

在海洋细菌中，还有一些细菌会发光，比如说发光杆菌和射光杆菌。

发光杆菌属主要分布于海洋环境和海生动物的消化道中；也发现有的种类可作为海鱼的特殊发光器官的共生体。

模式种：明亮发光杆菌（Photobacteriumphosphoreum）。

知识窗

模式种

模式种：被首次发现，且被描述并发表的物种定为模式种。

友情提醒——食品安全标志

多种原因会造成猪肉发光，建议暂不食用。

这些食品标志，你认识吗？

◆食品安全标志

◆无公害农产品标志

◆有机食品标志

◆绿色食品标志

本节回顾

1. 发光杆菌和射光杆菌的分布。
2. 食品标志的认识。

我宣布对此事负责——赤潮与微生物

赤潮是一个历史沿用名，其实它并不一定都是红色，由于引发赤潮的生物种类和数量的不同，海水有时也呈现黄、绿、褐等不同颜色，所以说其实它是各种颜色潮的统称。

“赤潮”，国际上也称其为“有害藻华”，赤潮又有人称其为红潮，是海洋生态系统中的一种异常现象。由海藻家族中的赤潮藻在特定环境条件下突然性、爆发性地增殖造成的。海藻是一个极其庞大的家族，除了少数一些大型海藻外，大部分都是非常微小的植物，有的是单细胞植物。

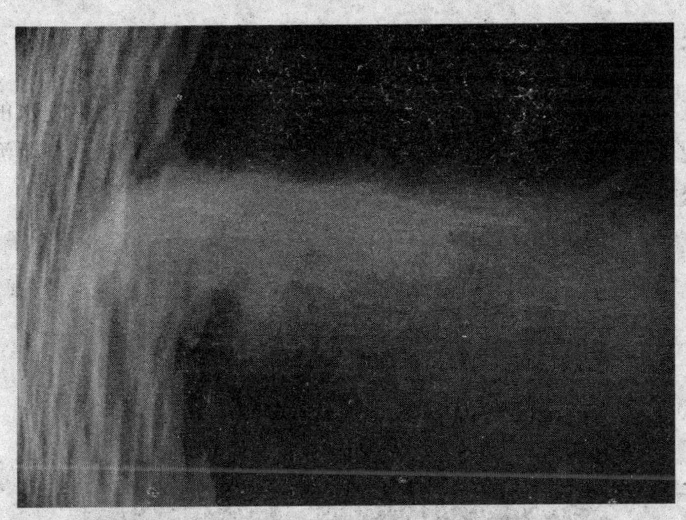

◆赤潮

昨日路程——赤潮

赤潮是一种灾害性的水色异常现象，在很早以前就有记载。如《旧

◆赤潮

约·出埃及记》中就有关于赤潮的描述："河里的水，都变作血，河也腥臭了，埃及人就不能喝这里的水了"。每当赤潮发生时，海水总是会变得黏黏的，还发出一股腥臭味，颜色大多变成红色或近红色。

1831～1836 年，达尔文在《贝格尔航海记录》中记载了在巴西和智利附近海面发生的赤潮事件。

自食恶果——赤潮发生的原因

海水富营养化是赤潮发生的物质基础和首要条件

这些年，随着城市化和工业化的加快，生活污水和工业废水的大量排出而出现了海水富营养化，导致比如说东京湾、濑户内海、有明海等海域赤潮频繁发生。

◆赤潮

水文气象和海水理化因子的变化是赤潮发生的重要原因

链接——水华与赤潮

水华，是指在富营养化的淡水中，由于以原核生物蓝藻为主大量繁殖所致（当然也伴有少量真核的绿藻等）。主要的蓝藻有铜绿微藻、水花微囊藻、水花束丝藻、水花鱼腥藻等，它们的细胞内含叶绿素和蓝色素等，大量繁殖使水体变蓝或形成其他颜色，并带有腥味或霉味。

◆水华

赤潮是指在富营养化的海水中，由于甲藻、硅藻等真核藻类的大量急剧繁殖（当然也有少量蓝藻、原核动物等），聚集漂浮于海面，使水体呈现红色或褐色等颜色的现象，主要发生在近海。

赤潮的颜色并不是都为红色的，而是由形成赤潮占优势的赤潮生物种类的颜色决定的，如以夜光藻为主形成的赤潮呈红色，而绿色鞭毛藻为优势种时为绿色，硅藻占优势则呈褐色，若蓝藻门的毛丝藻等大量分布时海水则为棕黄色。

◆水华

从上述概念中，我们可以知道，其主要区别在于水华是淡水的藻类引起，而赤潮主要是指海洋中藻类引起的。因此虽然相似，但不可混为一谈。

海水养殖的自身污染亦是诱发赤潮的因素之一

赤潮——海洋生物的恶梦

赤潮对海洋生物的危害极大，以鱼类为例，主要表现在以下三个方面：

一是大量赤潮生物集聚于鱼类的鳃部，使鱼类因缺氧而窒息死亡。

◆赤潮引起鱼类死亡

二是赤潮生物死亡后，藻体在分解过程中会消耗水中大量的溶解氧，使鱼类及其他海洋生物因缺氧死亡，与此同时还会释放出大量有害气体和毒素，严重污染海洋环境，使海洋的正常生态系统遭到严重的破坏。

三是鱼类吞食大量有毒藻类从而导致其死亡。

◆赤潮与渔业

神奇的海底森林

——奇异多彩的海洋植物

神奇的海洋世界中除了动物和各种微生物，还有一类不可忽视的存在，那就是海洋植物。

这里不仅有低等的植物，同时也生活着各种高等植物。

它们是海洋中的生产者，为海洋生物提供了大量的能量和物质；它们是海中动物和微生物的栖息之所，为其提供了美丽的乐园；它们是海洋中的一道独特的风景，组成一片神奇的海洋森林。我们在这一章中，就为大家一一介绍这些不同寻常的精灵。

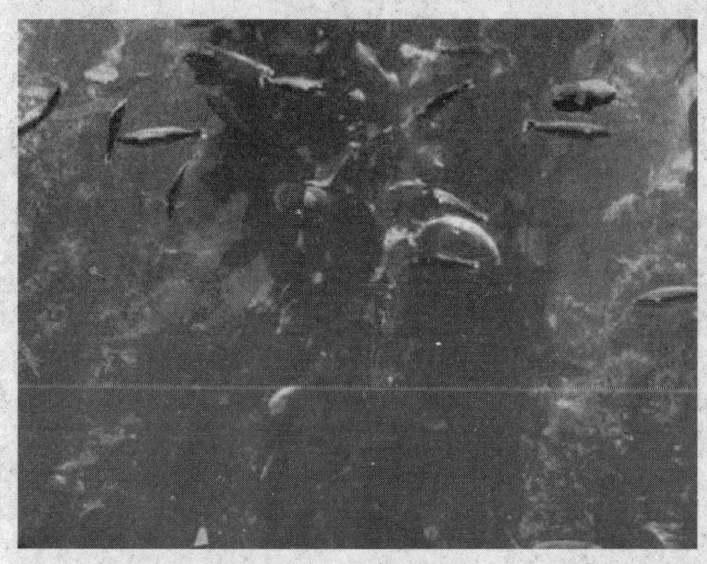

最重要的初级生产者——浮游藻

它们是海洋单细胞藻类，仅由一个细胞所组成。别看它结构简单，可它的作用不简单，作为海洋中最重要的初级生产者，它为大多数海洋动物提供了足够多的食物，使得海洋生物能够有今天这般的绚丽多姿，丰富多样。

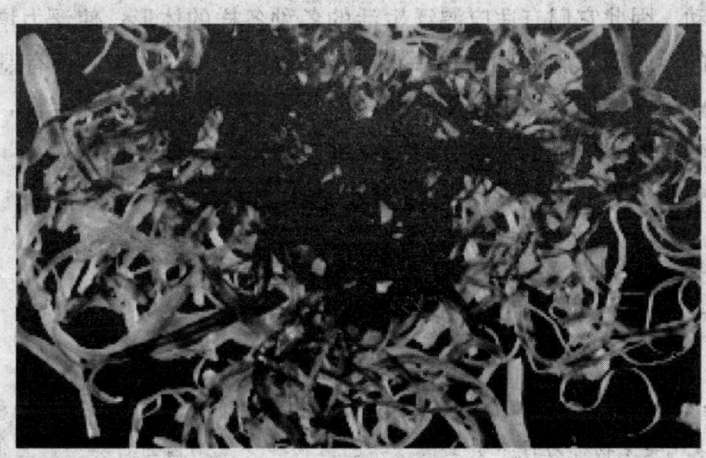

◆浮游藻

浮游藻简介

浮游藻是海洋单细胞藻，仅由一个细胞所组成。它们作为海洋中最重要的初级生产者，是一类具有叶绿素、能够进行光合作用并生产有机物的自养型生物；同时又是养殖鱼、虾、贝的饵料。目前已在中国海洋记录到的浮游藻有1800多种。

知 识 窗

光合作用

植物、藻类利用叶绿素和某些细菌利用其细胞本身，在可见光的照射下，将二氧化碳和水（细菌将硫化氢和水）转化为有机物，并释放出氧气（细菌释放氢气）的生化过程。

浮游藻的特点

浮游藻几乎不能运动，它们只能随波逐流地漂浮或悬浮在水中作极微弱的浮动。因此它们有适应漂浮生活的各种各样的体形，使浮力增加。例如：有的浮游藻细胞周围生出一圈刺毛（如上页图）；有的长有刺或突起物，这些东西增加了与水的接触面，因此可以产生很大的稳定性，使其能漂浮在有光的表层水中；而有的结成群体来扩大表面积便于漂浮，而且它们本身个体很小，也是对漂浮生活的一种很好的适应形式。

万 花 筒

自养型生物

自养型，以大气中的二氧化碳或环境中的碳酸盐为碳素营养的一种营养类型，此类生物称为自养型生物。绿色植物和少数细菌为自养型，它们能将简单的无机物二氧化碳或碳酸盐合成复杂的有机物，供生命活动的需要。

1. 什么是浮游藻？
2. 什么是光合作用？
3. 什么是自养生物？

她用颜色的手段——底栖藻

底栖藻是一类统称，人们将栖息在海底的藻类称为底栖藻。它们有一些特殊的本事，比如说它们在退潮时能适应暂时的干旱和冬季暂时的“冰冻”等环境，而只要海水一涨潮，它们便又开始正常的生长发育。

◆长柄雀冠藻

底栖藻简介

底栖藻大部分是多细胞海藻，因此它们一般是肉眼可见的。有些小的种类只有几厘米长，如丝藻；最长的可达 200 米～300 米，如巨藻。底栖藻的形态千奇百怪，多种多样：有的像带子，如海带；有的像绳子，如绳藻；有的却又是片状，如石莼、紫菜；有的像树枝状，如马尾藻。

底栖藻分类

底栖藻的分类方法有很多，我们可以按最容易理解的颜色，把海藻分为三大类：绿藻类、褐藻类和红藻类。

◆巨藻

绿藻

绿藻，藻体呈草绿色。绿藻大约有 6000 种，绝大多数产于淡水，只有 10%生活在潮间带或潮下带的岩石上，它们含有丰富的蛋白质，是海洋中小型动物的食物。其中最常见的多细胞绿藻有石莼（海白菜），它们为我们深深喜爱；当然还有浒苔，它可用来制作浒苔糕，味道十分鲜美。此外，还有羽藻、蕨菜、刺海松、伞藻等。

◆石莼（亦称海白菜）

褐藻

褐藻，其颜色必然是藻体褐色。褐藻中的大型种类，如我们常吃的海带可长到 7～8 米长；而另一种藻类——巨藻可长到 300 米长，素有“海底森林”之称。它们大多生长于低潮带或低潮线下的岩石上。

海带和裙带菜历来是人们喜爱的食品，而海带甚至被称为“海上庄稼”。海带因为含有丰富的碘，可以用来治疗因缺乏碘而引起的各种疾病，它还是提取碘、氯化钾等化学药品的重要原料，广泛应用于国防和医药工业。

巨藻是海藻中个体最大的一种海藻，我们称它为海藻王，它原来并不产于我国，于1978年首次成功地从墨西哥引进巨藻，目前在我国海域长势良好。它原产于美国加利福尼亚、墨西哥和新西兰沿岸。巨藻生长速度相当快，每天可生长60多厘米，全年都能生长，每3个月收割一次，亩产可达50～80吨，其寿命很长，可生长十多年之久。

◆海带

巨藻的用途十分广泛，可以用它作为许多产品的原料，比如说食物、燃料、肥料、塑料和其他产品的原料。巨藻也是一种很有发展前途的能源。因为可以用它来生产沼气，假如我们养殖4平方千米的巨藻，那么一年就可生产10万千瓦的能量，这将是非常可观的。我国常见的褐藻除了海带、裙带菜、巨藻之外，还有水云、索藻、酸藻、萱藻、囊藻、绳藻、鹅肠菜、网地藻、团扇藻、马尾藻、鹿角菜、羊栖菜等。

◆鹿角菜

食谱——凉拌鹿角菜

用50℃左右的温水泡半小时到1小时，泡好以后用凉开水清洗一下，用盐、料酒、香菜、香油、醋、蒜泥一起凉拌就可以了，若泡的时间不够，可能稍苦。

红藻

红藻其藻体的颜色呈紫色或紫红色，红藻多数喜居深海，红藻类约有2000多种，其中最为常见的种类有紫菜、石花菜、海萝、蜈蚣藻、海头红、鹧鸪菜等。紫菜通常呈紫红色，片状，鲜食或可以制成干品，干紫菜是市场上畅销的高级副食品。

石花菜是制造“琼胶”（俗称冻粉）的主要原料，它用假根状的固着器附着在礁石上，直立丛生。其种类很多，有石花菜、大石花菜、小石花菜、细毛石花菜、中肋石花菜等。琼胶广泛应用于食品、医药、细菌培养等，一些高档糖果也多用琼胶作填充物，透明软糖就是其中一种。

海萝可提取海萝胶，用于纺织工业；而鹧鸪菜是我们中国人自古以来用作驱除蛔虫的药用海藻。

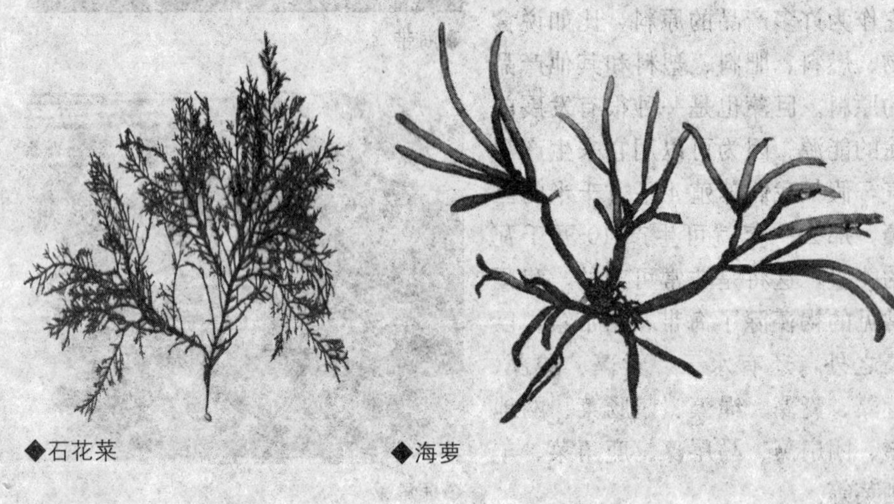

◆石花菜　　◆海萝

链接——生物凝固剂

琼胶是从石花菜、江蓠等多种红藻植物提制的多糖。通常制成的商品有条状，有粉状。琼脂的最有用特性是它的凝点和熔点之间的温度相差很大。它在水中需加热至95℃时才开始熔化，熔化后的溶液温度需降到40℃时才开始凝固，所以它是配制固体培养基的最好凝固剂。用琼脂配制的固体培养基，可以进行高温培养而不熔化，而在凝固之前接种时，也不致将培养物烫死。因此，琼脂是制备各种生物培养基时应用最广泛的一种凝固剂。

小博士

培养基：培养基（Medium）是供微生物、植物和动物组织生长和维持用的人工配制的养料，一般都含有碳水化合物、含氮物质、无机盐（包括微量元素）以及维生素和水等。有的培养基还含有抗菌素和色素。

广角镜——认识紫菜

紫菜，是海中互生藻类的统称。深褐、红色或紫色。紫菜还可以入药，制成中药，具有化痰软坚、清热利水、补肾养心的功效。自然生长的紫菜数量有限，产量主要来自人工养殖。

◆紫菜

紫菜的光辉岁月

早在1400多年前，中国北魏《齐民要术》中就已提到“吴都海边诸山，悉生紫菜”，以及紫菜的食用方法等。唐代孟诜《食疗本草》则有紫菜“生南海中，正青色，附石，取而干之则紫色”的记载。至北宋年间紫菜已成为进贡的珍贵食品。明代李时珍在《本草纲目》一书中不但描述了紫菜的形态和采集方法，还指出紫菜主治“热气烦塞咽喉”，“凡瘿结积块之疾，宜常食紫菜”。紫菜的养殖历史很悠久。

◆紫菜

食疗价值

中国古代已开始食用紫菜。始见载于晋代左思《吴都赋》的“纶组紫绛”，据吕延济注

◆紫菜人工养殖

其中之“紫”乃“北海中草”。唐代《集异记》有采紫菜的记载。元代时，“南澳紫菜”已开始出口外销。明代《五杂俎》指出人们将荔枝、蛎房、子鱼、紫菜作为福建的“四美”，《随息居饮食谱》载“和血养心”。

约三百多年前中国福建已用洒石灰水或放竹帘等方法繁育紫菜，食用也普及至内地。20世纪50年代，中国科学家研究出紫菜孢子的来源问题，为人工养殖创造了条件。

药用价值

紫菜性味甘咸寒，具有化痰软坚、清热利水、补肾养心的功效。用于甲状腺肿、水肿、慢性支气管炎、咳嗽、脚气、高血压等。

食谱、药谱——紫菜

1. 紫菜汤：紫菜15g，加水煎服；或用猪肉与紫菜煮汤，略加油、盐调味食。本方独取紫菜软坚散结的功效。用于瘿瘤、瘰疬和痰核肿块。

2. 紫菜散：紫菜15g，研成细末。每次5g，蜂蜜兑开水送服。

本方取紫菜清热化痰，蜂蜜润肺止咳。现代用于肺脓疡、支气管扩张，咳嗽痰稠或腥臭。

1. 什么是底栖藻？
2. 底栖藻分为哪几类，分别有哪些代表植物？
3. 你还能举出一些是底栖藻的植物吗？

海鸟乐园
——红树林植物

其实红树林是一种生态系统，我们这里所说的红树林是一种泛指，包括木本植物、藤本植物和草本植物等各种生长于这个生态系统中的植物。

我们甚至可以说红树林群落是地球上最奇妙、最特殊的生物群落，同时也是对生活环境非常挑剔的生态系统，因此它非常脆弱。红树林群落主要分布在以赤道为中心的热带及亚热带淤泥深厚的海滩上，在海陆交界的潮间带形成壮观的海上森林，森林在潮起潮落的过程中经受着海水不断的冲涮。

◆红树林

红树林的特征

因为生活在海陆交界这样一个特殊的环境，红树有了一些非凡的本领来适应这种环境。

胎生现象

◆胎生现象

红树林最奇妙的特征之一就是所谓的“胎生现象”，红树林中的很多植物的种子还没有离开母体的时候就已经在果实中开始萌发，长成棒状的胚轴。胚轴发育到一定程度后脱离母树，掉落到海滩的淤泥中，几小时后就能在淤泥中扎根生长而成为新的植株，未能及时扎根在淤泥中的胚轴则可随着海流在大海上漂流数个月，在几千里外的海岸扎根生长。

支柱根

◆支柱根

红树林最引人注目的特征之二就是密集而发达的支柱根，很多支柱根自树干的基部长出，牢牢扎入淤泥中形成稳固的支架，使红树林可以在海浪的冲击下屹立不动。红树林的支柱根不仅支持着植物本身，也保护了海岸免受风浪的侵蚀，因此红树林又被称为“海岸卫士”。

呼吸根

◆呼吸根

红树林的第三个主要特征就是由于其经常处于被潮水淹没的状态，空气非常缺乏，因此许多红树林植物都具有呼吸根，呼吸根外表有粗大的皮孔，内有海绵状的通气组织，满足了红树林植物对空气的需求。每到落潮的时候，各种各样的支柱根和呼吸根露出地面，纵横交错，

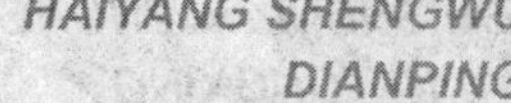

使人难以通行。

排盐抗旱

热带海滩阳光强烈，土壤富含盐分，红树林植物多具有盐生和适应生理干旱的形态结构。植物具有可排出多余盐分的分泌腺体，叶片则为光亮的革质，利于反射阳光，减少水分蒸发。

知识窗

呼吸根

生活在海滩地带的许多红树植物的根系会产生相当多的向上生长的支根，这些根伸出泥土表面以帮助植物体进行气体交换，因此称为呼吸根。

红树林的作用

生物多样性提供了条件

红树林为热带海鸟提供了栖息地，红树林群落中的植物种类虽然不多，但红树林却养育了为数众多的动物。红树林下的淤泥中是蟹类、弹涂鱼等多种动物的家园，红树林的树干和树枝是很多介壳动物的栖身之所，红树林的树冠则是热带海鸟的领地。

◆食蟹猴

在东南亚加里曼丹岛的红树林中，有长相奇特的长鼻猴，雄猴长有巨大的鼻子。食蟹猴是东南亚另一种出现在红树林中的猴子。在恒河入海口处的桑达班红树林中则是现存虎最多的地方之一，那里也有世界上唯一现存的食人虎，人与虎之间形成了一种奇妙的关系。

红树林群落在世界上面积不大，但具有很高的生态价值，一旦被破坏

◆长鼻猴

将引起严重的后果。我国的红树林在过去破坏比较严重，现在有大面积红树林分布的地区多已经划归为自然保护区，而且有很多是国家级自然保护区，处于严格的保护之下。

由于红树林生长于亚热带和温带，并拥有丰富的鸟类食物资源，所以红树林区是候鸟的越冬场和迁徙中转站，更是各种海鸟的觅食栖息、生产繁殖的场所。

保护海岸

红树林另一重要作用是它的防风消浪、促淤保滩、固岸护堤、净化海水和空气的功能。盘根错节的发达根系能有效地滞留陆地来沙，减少近岸海域的含沙量；茂密高大的枝体宛如一道道绿色长城，有效抵御风浪袭击。

◆海岸卫士——红树林

1958 年 8 月 23 日，福建厦门曾遭受一次历史上罕见的强台风袭击，12 级台风由正面向厦门沿海登陆，随之产生的强大而凶猛的风暴潮，几乎吞没了整个沿海地区，人民生命财产损失惨重。但在离厦门不远的龙海县角尾乡海滩上，因生长着高大茂密的红树林，结果该地区的堤岸安然无恙，农田村舍损失甚微。1986 年广西沿海发生了近百年未遇的特大风暴潮，合浦县 398 千米长海堤被海浪冲跨 294 千米，但凡是堤外分布有红树林的地方，海堤就不易冲跨，经济损失就小。许多群众从切身利益中感受到红树林是他们的“保护神”。

红树林的工业、药用等经济价值也很高。

1. 什么是红树林？
2. 红树林有哪些特点？
3. 红树林生态系统有什么作用？

生物的守护神
——海草

它们在海洋中飞扬生命，它们用生命守护海洋；它们是一群海洋中的植物——海草。你或许见过它们，一群看起来毫无用处的植物；你或许听过它们，一群常见的生物。然而，在现实生活中，你真正看见过它们的用途吗？你是否知道它们的用处呢？本节内容将带你进入这个世界。

◆海草

海草概述

海草是一类海洋单子叶草本植物的统称，它们一般都生活在温带海域沿岸浅水中。海草具有非常强大的适应水生生活环境的特点，比如说有发育良好的根状茎（水平方向的茎），叶片柔软、呈带状，花生于叶丛的基部，花蕊高出花瓣等。

目前中国海草有15种2亚种，海草常在沿海潮下带形成广大的海草场，海草场是高生产力区。这里的腐殖质特别多，是幼虾、稚鱼良好的生长场所，同时也有利于海鸟的栖息。海草正如陆上的植物一样，没有阳光就不能生存。

◆海草

海草的奉献

可以作材料

在我国的北方，沿海渔民常用海草作建造屋顶的材料。海草具有抗腐蚀、耐用。

大叶藻和虾形藻等干草，是良好的隔音材料和保温材料。

保护海岸

海草根系发达，有利于抵御风浪对近岸底质的侵蚀，对海洋底栖生物具有保护作用。海草场保护生物群落的作用不可忽视。

◆海草屋顶

◆海草床

海草食物

海草是海洋动物的食物。有些海洋动物是食草的，另外一些是靠吃“食草”动物来维持生命的，所以，海洋中的动物都是靠海草来养活的。由于海草的营养价值，海草也上了人们的菜谱。

◆海草食品

1. 什么是海草?
2. 海草哪些用处?
3. 你还能举出一些现实生活中海草的例子吗?

来自龙宫的朋友

——千姿百态的海洋动物

海洋动物是海洋中各门类形态结构和生理特点十分不同的异养型生物的总称。此类生物和人一样，不进行光合作用，不能将无机物合成为有机物，只能以摄食植物、微生物和其他动物及其有机碎屑物质为生。

海洋动物现知有16～20万种，它们形态多样，大小各异。包括微观的单细胞原生动物，和长达30余米、重可达190吨的高等哺乳动物——蓝鲸等；分布广泛，从赤道到两极海域，从海面到海底深处，从海岸到超深渊的海沟底，都有其代表。

海洋生物分类多样，按生活方式划分，海洋动物主要有海洋浮游动物、海洋游泳动物和海洋底栖动物三个生态类型。按分类系统划分，海洋动物共有几十个门类，可分为海洋无脊椎动物和海洋脊椎动物两大类，或分为海洋无脊椎动物、海洋原索动物和海洋脊椎动物三大类。

随波成光——夜光虫

它们是一类生活在海水中的原生动物，因其体内含有许多拟脂颗粒，故受到机械刺激时能发光。在海水中生活的夜光虫和其他一些腰鞭毛虫（如裸甲腰鞭虫等）大量繁殖可造成赤潮，导致鱼类大量死亡。

◆夜光虫

夜光虫简介

夜光虫（Noctiluca），由于它们在夜间可因海水波动的刺激发光，因而得名。在分类学上隶属于鞭毛纲、腰鞭毛目。

夜光虫与赤潮

◆赤潮

近年来由于养殖业的不断发展，在饲养过程中投下了大量高营养的饲料，那些未被吃完的残料溶于水中或沉下海底，日积月累越来越多，加上抗生素的大量使用破坏了水中浮游生物的平衡，大量的工农业和生活污水不断排入海洋，这些都使海域中营养物质含量不断提高，为形成赤潮的原生动物大量繁殖提供了物质基础。如果持续干旱少雨、水温偏高，使得各种条件如水温、pH 值等符合之后，腰鞭毛虫类、夜光虫等原生动物就迅猛繁殖，形成了赤潮。

链接——原生生物

原生生物，是由原核生物发展而来的真核生物，并是植物、动物、真菌的祖先。原生物物大部分是单细胞生物，比原核生物更大、更复杂。

原生生物是简单的真核生物，多为单细胞生物，亦有部分是多细胞的，但是不会进行组织分化。这是真核生物中最低等的。它们制造养分的方式，有的跟真菌一样，吸收外间营养，有的能进行光合作用，亦能捕食，例如裸藻；它们都生活在水中。

有些原生生物可以借助光合作用制造养分。原生生物界至少包含 5 万种生物。常见的原生生物包括纤毛虫、变形虫、疟原虫、粘菌、浮游生物、海藻，也有光自营的单细胞游动微生物，如眼虫等。

1. 夜光虫发光的原因。
2. 夜光虫与赤潮有何联系？
3. 什么是原生生物？

用身体构建海底世界
——有孔虫

它们是古老的生物，它们是生物的化石，它们是海底的沉淀，它们就是有孔虫。它们的家园远在海平面之下，比珠穆朗玛峰的高度还深。在太平洋最深的海沟——这个地球上最偏僻的角落也发现了这种微小的生物。

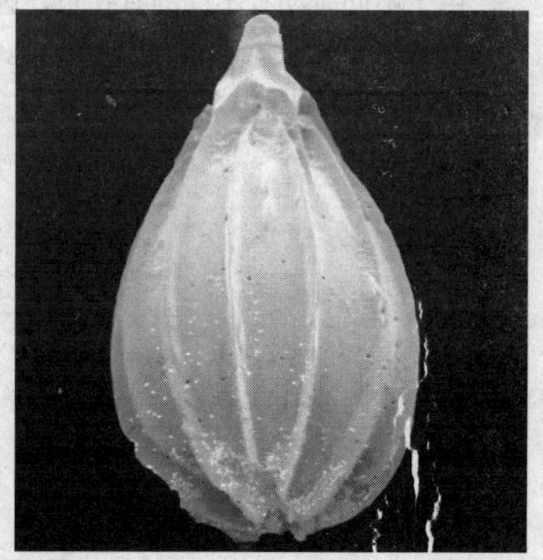
◆有孔虫

认识有孔虫

有孔虫是一类古老的原生动物，有孔虫属原生动物门有孔虫亚纲，从寒武纪到现在一直都存在着，5 亿多年前就产生在海洋中，至今种类繁多。由于有孔虫能够分泌钙质或硅质，形成外壳，而且壳上有一个大孔或多个细孔，以便伸出伪足，因此得名有孔虫。有孔虫是海洋食物链的一个环节，它的主要食物为硅藻以及菌类、甲壳类幼虫等，个别种的食物是砂粒。

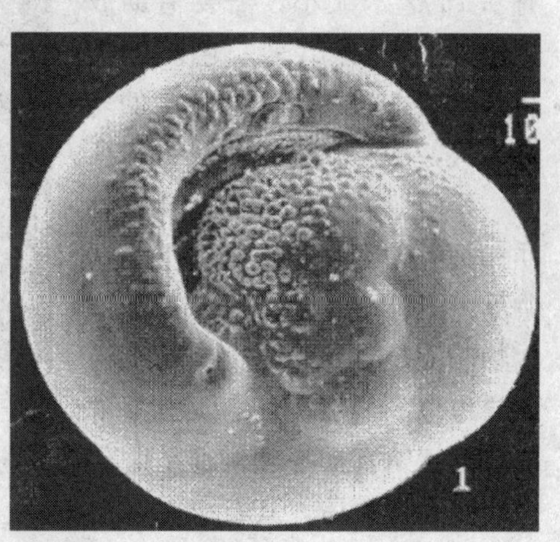

◆有孔虫

有孔虫用处

指示生物

有孔虫对环境的反应特别敏感，有明显的深度分布范围，因而它们是最好的海深指示生物。

由于不同时期有不同的有孔虫，因此，根据有孔虫的沉积物不但能确定地层的地质年代，而且还能提示地下情况，从而为寻找矿藏尤其是石油，提供重要依据。

知识窗

指示生物

对某一环境特征具有某种指示特性的生物，叫作这一环境特征的指示生物，如水污染指示生物、大气污染指示生物。

生物礁形成

有孔虫的个体极其微小，只有0.15毫米大小，需要借助放大镜才能分辨出来。它们种类多，繁殖力强，用无性生殖的生殖方式，一边大量繁殖，一边死亡，死后遗留下来的几丁质、硅质和钙质的壳沉积于礁石上与造礁珊瑚的骨骼胶结在一起。有的生物礁就是有孔虫的遗骸占据了主导地位。斐济群岛、埃利斯群岛中的富纳富提环礁，都是由有孔虫的遗骸为主体构成的。

◆斐济群岛

有孔虫死后，其石灰质空壳下沉，形成有孔虫软泥，覆盖着约有30%的洋底面。石灰石和白垩是有孔虫的海底沉积产物。

进化的分支——海绵

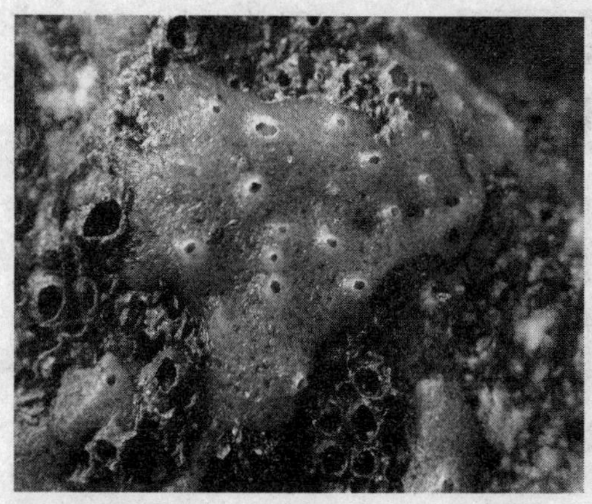
◆面包屑软海绵

海绵是最原始的多细胞动物，2亿年前就已经生活在海洋里，至今已发展到1万多种，占海洋动物种类的1/15，是一个庞大的“家族”。海绵体壁上因为有许多小孔（称“入水孔”），故人们也称之为“多孔动物”，这也是多孔动物门的由来。

海绵的形状也很奇特，有的像管子，有的像瓶子，有的像球体，有的像扇子，奇形怪状，不一而足。海绵的颜色也美丽多彩，有鲜红色的，有银灰色的，也有白色的。海绵的个体大小相差很大，小的几毫米，大则十几米。

海绵的地位

海绵在生物分类上，被归为真核生物域，动物界，多孔动物门。

海里有海绵吗

人们通常所用的海绵与海里生活的海绵不可同日而语。生活在海里的海绵才是真正的海绵，

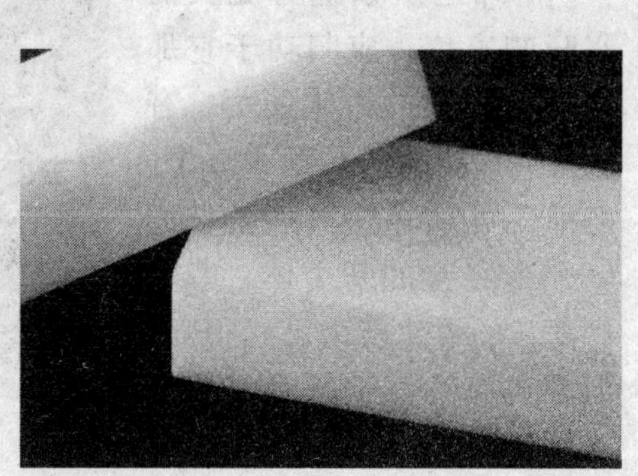
◆家用海绵

人造“海绵”只是仿造了海绵的结构而已。倘若把海绵从水中捞取上来，在海滨挖坑埋藏，待等烂掉肉质，剩下纤维状交织的骨骼，再经过漂洗，才呈现我们日常所见的海绵状。

海绵摄食——自投罗网

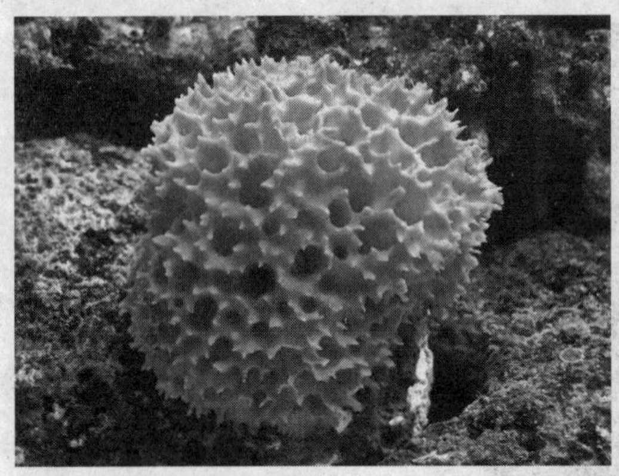
◆海绵

生活在海水中的海绵，多数是灰黄色、褐色或黑色的块状物。它的体表有许多凸起，凸起的旁边有许多小孔，凸起的顶端有一个大孔。海水就从小孔流进去，又从大孔流出来，那些微小的生物随着水流进入海绵体内，成为“自投罗网”的食物。所以，海绵虽然不会走动，或随波逐流，或固定在水中的岩石、贝壳、水生植物或其他物体上，看上去似植物一般，实际上是一种动物。

真不怕死——强大的再生能力

海绵之所以拥有庞大而兴旺的家族，应归功于它那奇特而强大的再生能力。有人把海绵撕成碎片抛入海中，海绵还可以一块块独立长成一个个完整的新个体。海星和海参的再生能力已经很强，但是与海绵相比，可就是小巫见大巫了。

◆海绵

共生共栖现象

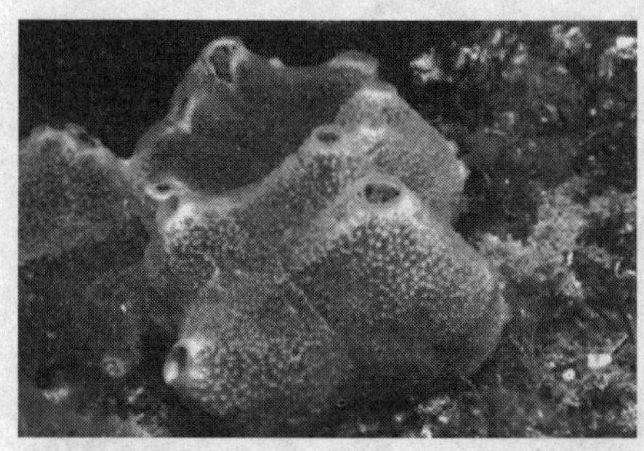
◆海绵

海绵喜欢和其他生物共生共栖。海绵的颜色同样是丰富多彩的，其颜色主要是体内有不同种类的海藻共生，才使它们呈现不同的色彩。有些水藻长在海绵的身上使其全身变为绿色，乍看起来就像是一朵美丽的水藻。有些沙蟹喜欢把海绵撕成碎块贴在腿或壳上，让海绵在它们的身上生长起来，好似披上一层厚厚的铠甲，沙蟹以此来防御敌害。海绵常固定在峨螺或牡蛎壳上，牡蛎和峨螺倒很乐意，因为海绵身上能分泌难闻的气味，帮助它们吓退敌害。

广角镜——偕老同穴

在海绵的体内有时会发现一对活的小虾。这是一些成对的雌雄小虾，它们钻进海绵的体内居住，长大了就出不来，“困”在里面，一直到老死。海绵供应它们养料，而小虾则在海绵体内清理孔道内的污物，双方互惠互利，和谐共存。这种现象生物学上称之为“偕老同穴”。

海绵体内的成对小虾，由于过着这种“牢笼”生活，白头偕老，至死不渝，成为忠贞爱情的象征。日本人常把它们当作结婚礼物送给伉俪，小虾也美其名为“俪虾”。

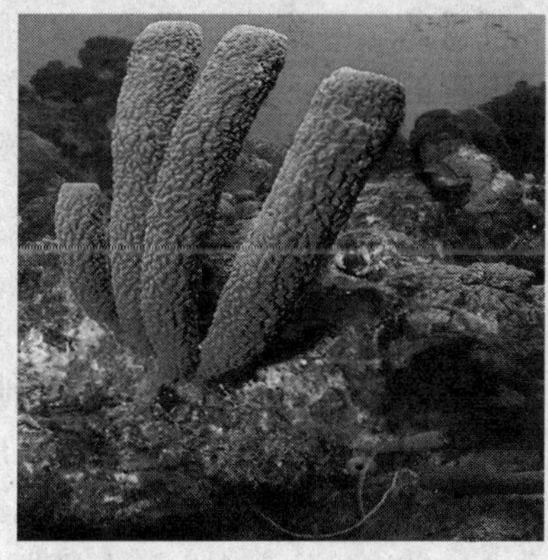
◆海绵

海绵的防卫

当然，海绵也有自己的防御措施，才能在竞争中生存下去，海绵能分泌一种类似于毒液的物质，这是海绵的防御手段，用以反击敌害，或杀死周围海水中的有毒微生物，使海绵生活的周围海水变得比较洁净。

拿它何用—海绵的用途

海绵对人们的生活很有用处，不仅能用于日常生活，而且由于海绵含有天然抗生素，能杀死结核杆菌，可为人们治风湿及神经系统疾病。更让人欣喜的是，海绵的体内有多种抗癌物质，有些已被提取，正广泛应用于临床。

日用品

我国古代劳动人民很早就认识和采集海绵动物，特别是浴用海绵，网孔细，弹力强，吸水性好，可以用于洗澡擦身、洗碗等，后来又在工艺、医学和日常生活方面展现了越来越多的广泛用途，如做油漆刷子，用作钢盔的衬垫和其他垫子，烧成灰能治疗脚痛等。

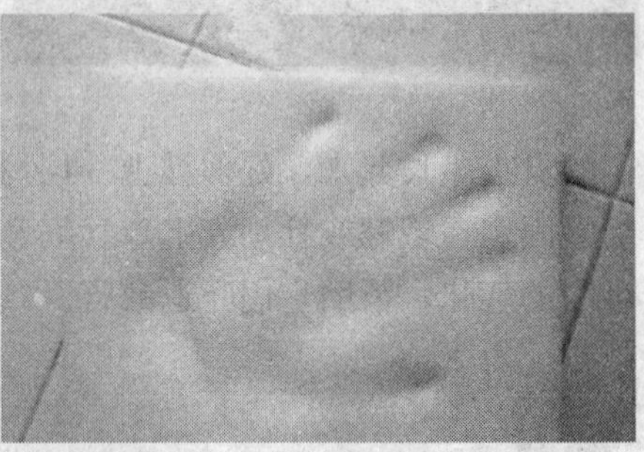

◆家用海绵

医用也少不了它

科学家还发现海绵体内的毒素可以用来制药，治疗肿瘤、心血管和呼吸系统等疾病。目前，海绵是已发现的海洋活性物质最丰富的海洋生物，已经成为海洋药物开发的重要资源。

◆家用海绵制品

可为新材料

美国有科学家近日表示，他们已经确认了一种生长在黑暗的海底深处的海绵体，用它们可以产生细细的玻璃纤维，这种天然产生的玻璃纤维比人工制造的光纤电缆更有柔韧性。

这种海绵体大多生长在热带的海底深处，高度大约 0.5 米，带有一个

复杂的硅网结构，玻璃纤维在海绵体的底部形成一个冠状物。纤维长度大约在 0.05～0.18 米，每根与人体毛发差不多粗。

小知识

玻璃纤维：用熔融玻璃制成的极细的纤维，绝缘性、耐热性、抗腐蚀性好，机械强度高。可用做绝缘材料和玻璃钢的原料等。

清洁它也行

由于海绵具有降解海水污染物的能力，也展示了在治理海洋污染方面的应用价值。近年来，已经有科学家提出“海绵生物技术”的概念。可以预见，海绵在海洋药物、海洋生物材料、海洋环境保护中将发挥重大作用。

1. 你能说明家用海绵和海洋中的海绵动物的区别吗?
2. 海绵动物的分类地位如何?
3. 请举例说明海绵动物的用处。

最大的雨伞——北极霞水母

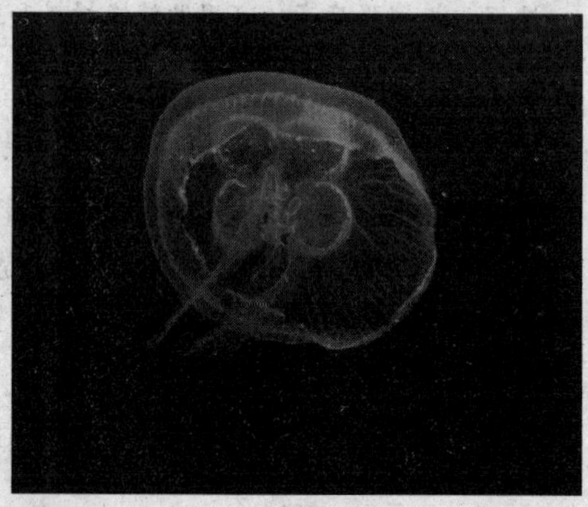
◆水母

水母的出现比恐龙还早，可追溯到6.5亿年前。目前世界上已发现的水母约250种，我国常见的约有8种，如海月水母、白色霞水母、海蜇、口冠海蜇等。

北极霞水母常见于各地的海洋中，是一种低等的腔肠动物，在分类学上隶属于腔肠动物门、钵水母纲。水母的种类很多，全世界大约有250种左右，一般的水母直径在10厘米到100厘米之间。

奇形多变一水母形态

人们根据水母的伞状体的不同来分类：像和尚的帽子，就叫僧帽水母；发银光伞状体，叫银水母；如船上的白帆，叫帆水母；宛如雨伞，叫做雨伞水母；闪耀着彩霞的光芒，叫做霞水母……而它们的寿命一般都很短，绝大多数只有几个星期，但也有的可以活到一年左右，有些深海的水母可活得更长些。

一般的水母的伞状体并不是很大，但我们接下来要看的霞水母是个例外，它的体巨伞直径有2～5米，下垂的触手长达20～40米。

链接——水母故事

◆北极霞水母

1865年，在美国麻萨诸塞州海岸，人们发现一只被海浪冲上了岸的霞水母，它的伞部直径为2.28米，触手长36米。倘若这个水母的触手拉开，从一条触手尖端到另一条触手的尖端，竟有74米长。因此，可以说霞水母是世界上最长的动物了。

北极霞水母有毒，因其触手上有刺细胞，能翻出刺丝放射毒素。

正如前文所述，霞水母非常庞大，其触手可以长达数十米，所以当所有的触手伸展开时，就像布下了一个天罗地网，网罩面积可达几百平方米，任何凶猛的动物一旦投入罗网，必将难以幸免。然而生物进化的观点告诉我们，没有绝对的王者，任何生物不可能单独享受所有的资源。

万 花 筒

北极霞水母

霞水母也有大小，最大的霞水母是北极霞水母，分布在大西洋里。伞盖直径可达2～5米，伞盖下缘有八组触手，每组有150根左右。每根触手伸长达40多米，而且能在一秒钟内收缩到只有原来长度的十分之一。

奇特的关系一互惠互利

有一种体积非常小的鱼——牧鱼就是个例子，牧鱼体长不过7厘米，能在霞水母的触手中间穿梭自如，把它当成了很好的避难所。因此霞水母的罗网纵然厉害，但对小小的牧鱼却奈何不得。

霞水母和牧鱼一起生活，互惠互利。水母保护了牧鱼的生命安全，而牧鱼则帮它诱敌，并为它清除身上的微生物。

> 牧鱼常把一些海洋生物诱到主人布下的罗网中，它们自己则巧妙地避过毒丝，钻入巨伞下，逃脱攻击。当然也有一些牧鱼不慎被毒死。与此同时，霞水母乘机收网捕鱼，美餐一顿，而牧鱼也可以吃一些琐碎食物。

如此巨大而且有剧毒的霞水母也有天敌，比如有一种海龟就可以在水母的群体中自由穿梭，轻而易举地用嘴扯断它们的触顿，最后使它们失去抵抗能力，成为海龟的一顿“美餐”。

广角镜——三代同堂

◆白色霞水母

霞水母虽然是低等的腔肠动物，却三代同堂，令人羡慕。水母生出小水母，小水母虽能独立生存，但亲子之间似乎感情深厚，不忍分离，因此小水母都依附在水母身体上。不久之后，小水母生出孙子辈的水母，依然紧密联系在一起。

水母之害

◆白色霞水母

这样大且有毒的霞水母是有很大危害的。它们除大量捕食具有经济价值的幼鱼、虾、蟹、软体动物的幼虫之外，并且在8～9月期间，成群漂浮于沿海海面和港湾中，致使拖网困难，定置网具损坏，严重影响鱼的捕获量。当大量水母成群后，更会驱

散鱼群，成为渔业之害。

一起来认识一其它水母

有一种栉水母，在海中游动时，会发出蓝色的光，发光时栉水母就变成了一个光彩夺目的彩球；当它游动的时候，光带随波摇曳，非常优美。科学家们在思考如何把它的发光基因转移到其他鱼类体中，那样我们就可以随时观赏到这样的美景。而目前新加坡的生物学家正在对此进行尝试。

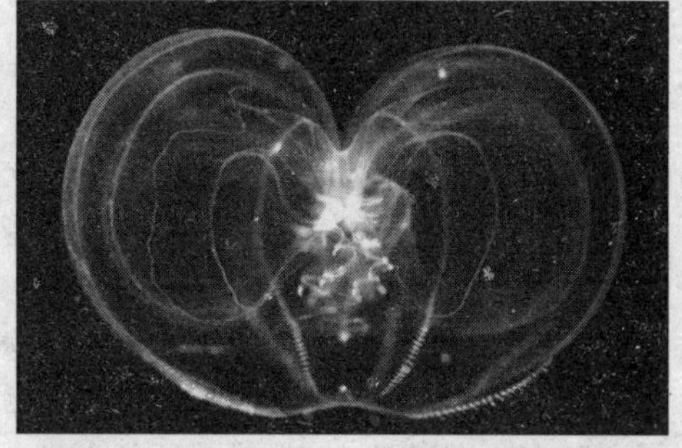

◆栉水母

然而并不是所有的水母都能给我们以美的享受，在某些水母体内含有大量的剧毒，当然也包括我们前面所提到的霞水母。下面我们一起再来看看其他几种剧毒水母。

有些水母比眼镜蛇更危险。曾经有杂志列举了全球最毒的10种动物，名列榜首的是生活在海洋中的箱水母。箱水母又叫海黄蜂，属腔肠动物，主要生活在澳大利亚东北沿海水域。成年的箱水母，有足球那么大，蘑菇状，近乎透明。一个成年的箱水母，触须上有几十亿个毒囊和毒针，足够用来杀死20个人，毒性之大可见一斑。它的毒液主要损害的是心脏，三分钟之内就可以致人死地。

◆箱水母

广角镜——世界十种最毒动物

美国《世界野生生物》杂志曾经综合各国学者的意见，列举了全球最毒的十种动物，其中第一名是海洋动物箱水母。

其他的九种生物是：

1. 澳洲艾基特林海蛇：它长着一张大嘴，和澳洲方水母栖身于同一水域。
2. 澳洲蓝环章鱼：这种软体动物的身长仅 15 厘米，蛸足上有蓝色环节，常在澳大利亚沿海水域出没。
3. 澳洲毒鱼由：栖身于澳大利亚沿海水域。
4. 巴勒斯坦毒蝎：生活在以色列和远东的其他一些地方。
5. 澳大利亚漏斗网蜘蛛：生活在澳大利亚悉尼市近郊。
6. 澳洲泰斑蛇。
7. 澳洲棕伊蛇。
8. 眼镜王蛇。
9. 非洲黑曼巴蛇。

水母伤人事件时有发生。我们先来关注两则早些年的有关水母伤人的报导。

链接——水母伤人事件

水母肆虐世锦赛公开水域，郑静赛后一度疼至晕倒

墨尔本的水母“凶猛”，中国队选手郑静的手臂上满是伤痕，她甚至在比赛后因疼痛而一度晕倒。

游泳世锦赛公开水域男子 10 千米比赛现场，此前参加了公开水域女子 5 千米和 10 千米比赛的 4 名中国姑娘王亦珞、方宴乔、李雪和郑静举着国旗在岸边为男队的队友助威。站在阳光灿烂、风景迷人的墨尔本圣科达海滩上，回想起自己在比赛中的悲惨遭遇，郑静心有余悸地说：“墨尔本的水母太狠了，这海滩再美也不吸引我了，我真想快点回家。”

墨尔本水母“横行”。

本届世锦赛公开水域的比赛被安排在墨尔本著名的圣科达海滩进行。在记者前往圣科达海滩采访时，一位当地的志愿者告诉记者，在海滩上能够领略墨尔本人生活的另一面，那是一个享乐主义者云集的地方。

据悉，圣科达是墨尔本的浪漫海滩，当地年轻人喜欢在周末的时候在这里的海滩上晒晒太阳，走过海上陆桥到位于海中央的塔楼咖啡馆喝咖啡，听听海浪，悠闲地度过一个周末。

然而，对来自不同队伍的参赛选手来说，圣科达海滩留给他们的却是一段“痛苦”的回忆。这片海滩附近有大量的水母，在比赛中不断地滋扰着参赛选手，几乎所有参加公开水域比赛的泳手都难逃一劫。在女子 10 千米比赛结束后，获得第 19 名的中国选手郑静一度因为被水母扎伤而昏迷，经过组委会医疗小组的及时诊治，她才恢复了知觉。虽然第 19 名的名次不尽如人意，但首次参赛的郑静却为这个第 19 名付出了惨痛的代价。在比赛结束后第二天，郑静的胳膊依然红肿。举着自己受伤的手臂，郑静告诉记者：“除了手臂，我身上还有很多地方被水母扎伤。虽然在比赛前就听参加女子 5 千米赛的队友王亦珞说起水里有水母扎人，但没想到这么恐怖。”为了不影响比赛，郑静在被水母扎伤后仍然坚持完成了比赛，但在比赛结束后，她就被火辣辣的剧烈疼痛折磨得晕倒。

经过一天的休养，郑静举着受伤的手臂再次来到圣科达海滩。为了一睹水母的真实面目，她特意走到一块岩石边，看到水中巨大的水母，郑静心有余悸地说：“在昨天的比赛里，我被水母扎伤的时候也顾不得看看这个东西到底长什么样子，没想到水母的样子这么恐怖。”

记者从赛事组委会了解到，在圣科达海滩附近活跃着很多体积庞大的水母。但是在比赛中出现水母伤人的情况是组委会没有预料到的。一位坐在海滩边晒太阳的墨尔本人告诉记者，在这里经常有人被水母扎伤，但只要冰敷一下就没事了。

- 澳大利亚：毒水母蛰死女孩

在澳大利亚北部的昆士兰州发生了一起水母伤人致死的惨剧。

在事发的那处海滩，当时一个年仅 7 岁的小姑娘正在这里的浅水处涉水前行。突然被海里的什么东西蜇了一下。之后经医生全力抢救，但小姑娘还是没能幸免于难。

◆水母

这次行凶的是一种巨型水母，它

长着长长的触脚，在水中游弋时体态轻盈多姿、非常优美。然而，这种水母身上含有剧毒，如果被它蜇到，伤者很快会出现休克等症状，通常在受伤者还没来得及游上岸就已经溺水身亡。

◆僧帽水母

像这样的剧毒水母有许多，例如在马来西亚至澳大利亚一带的海面上，有两种杀手水母，其分泌的毒性很强，如果不小心被它们刺到的话，在几分钟之内就会因为呼吸困难而死亡，它们就是海蜂水母和曳手水母。

因此在海边玩耍被水母刺伤，发生呼吸困难的现象时，应立即实施人工呼吸，或注射强心剂等尽可能的救护措施，千万不可大意，以免发生意外。

还有一种水母，看上去就像一个很大的浮囊，浮囊的中间有一个突起，远远看去就像一顶僧人戴的帽子，所以人们把它们叫做僧帽水母。僧帽水母的毒素不亚于眼镜蛇的毒素，非常可怕。

1. 水母在分类学上是怎样分类的？
2. 你能举出几种水母的例子吗？

圈地造礁——石珊瑚

触礁事件对现在海上作业来说是一个不太会发生的事故了，遥想以前触礁事件是一个多么恐怖的事情，多少人就在那一块小小的礁石的羁绊下丧命大海。而在触礁后，又会有多少事情发生呢？有的会获救，有的就从此沉没再无音信……我们今天来看看其中的一类由动物骨骼堆积而成的海礁。

◆马尔代夫群岛

话说珊瑚——珊瑚简介

在分类学上，珊瑚处于腔肠动物门、珊瑚纲、六放珊瑚亚纲、石珊瑚目。珊瑚纲的生物一般都生活在暖海、浅海的海底。构成“海底花园”的是珊瑚虫，一般所见到的是其骨骼。而石珊瑚在生态上我们可以简单的把

◆西沙群岛

◆石珊瑚

它们分为两类：一类分布在热带浅海区，以群体为主，与单细胞双鞭毛藻共生，称造礁石珊瑚。最适水温25℃～29℃，13℃以下就会死亡。另一类分布在深海冷水，以单体为主，不成礁，称非造礁石珊瑚。最大栖息深度可达6000米。

石珊瑚的骨骼是构成珊瑚礁和珊瑚岛的主要成分，由大量珊瑚骨骼堆积成的岛屿，如我国的西沙群岛、印度洋的马尔代夫岛、太平洋的斐济群岛等。造礁珊瑚，要求的环境是温暖、浅水的海域，也要求海水对其有一定的冲击力，故而靠近海边的珊瑚承受海水冲击力的部分生活得最好，随着骨骼的堆积，常沿着海岸逐渐向海里推移，逐渐扩展，形成大的岛屿。在沿海的岸礁，如海边的天然长堤，起着坚固海岸的作用。当然在海底的暗礁会妨碍航行。

广角镜——惨烈的触礁事件

在美国海军史上曾经有过一次最为惨烈的触礁事件，1923年9月8日当地时间晚上9点05分，美国加利福尼亚州海滨宏达角，美国海军遭遇最惨烈的损失：一个驱逐舰大队14艘驱逐舰，9艘同时触礁，7艘报废，2艘轻伤。

石珊瑚的能耐——作用介绍

建筑材料

石珊瑚可用来盖房子，如海南沿海一带用珊瑚建造的房子坚固耐用，

便宜美观。还可用石珊瑚烧石灰制水泥、铺路等。我国台湾的许多街道都是用石珊瑚铺成，路面坚固平坦。还可用来养殖石花菜，或作观赏用、制作装饰品等，总之这类珊瑚的用途是很广的。

◆石珊瑚

勘探指示

因为珊瑚骨骼对地壳的形成有一定的作用。在地质上常见到石灰质珊瑚骨骼形成的石灰岩，一般称为珊瑚石灰岩。有这样的石灰岩存在的地方，说明这里在亿万年前曾经是温暖的浅海。如我国四川、陕西交界的强宁、广元间就有这种石灰岩，考证其地质年代应在志留纪。珊瑚礁可形成储油层，因此对找寻石油也有重要意义。

1. 石珊瑚在分类学上是怎样分类的?
2. 你能举例说明石珊瑚的作用吗?

海蜈蚣——沙蚕

沙蚕常见于潮间带，有时在深海也可能看到，它们多在岩岸石块下、石缝中、海藻丛间。沙蚕幼虫食浮游生物，成虫以腐殖质为食。现在有很多人对沙蚕进行水产养殖，因为沙蚕有很高的营养价值。

◆沙蚕

了解沙蚕

沙蚕在分类学上属于环节动物门、多毛纲、游走目、沙蚕科，其俗称海虫、海蛆、海蜈蚣、海蚂蝗。我国的沙蚕种类有约 80 多种，经济种类和用于养殖的品种主要有：日本刺沙蚕、多刺围沙蚕、双齿围沙蚕等。

有些种类的沙蚕在生殖时，雌体排卵後即死去，并被雄体所食，由雄的孵卵。有的雌雄同体，自体受精。

沙蚕之用

沙蚕的用途有很多，沙蚕可以作为教学科研的重要实验材料，大学生物教学每年需要大量的沙蚕作为实验对象来使同学们了解高等无脊椎动物的体制和结构。又如沙蚕进入淡水的渗透机制；沙蚕幼虫的发育和沉落；还有沙蚕脑激素与性成熟的关系，以及沙蚕和周围环境的关系等都是生理学、发育生物学和生态学研究的课题。所以沙蚕科动物是极重要的海洋和咸淡水生物。

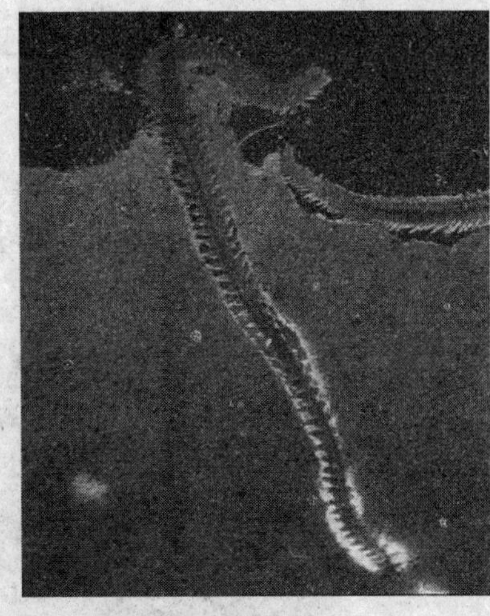

◆沙蚕

1. 沙蚕在分类学上是怎样分类的？
2. 你能说出沙蚕的用途吗？

食用佳品——牡蛎

牡蛎别名：蛎蛤、左顾牡蛎、牡蛤、海蛎子壳、海蛎子皮、左壳、海蛎子、蛎黄等。广泛分布于温带和热带各大洋沿岸水域。在我国沿海大约分布着20多种。

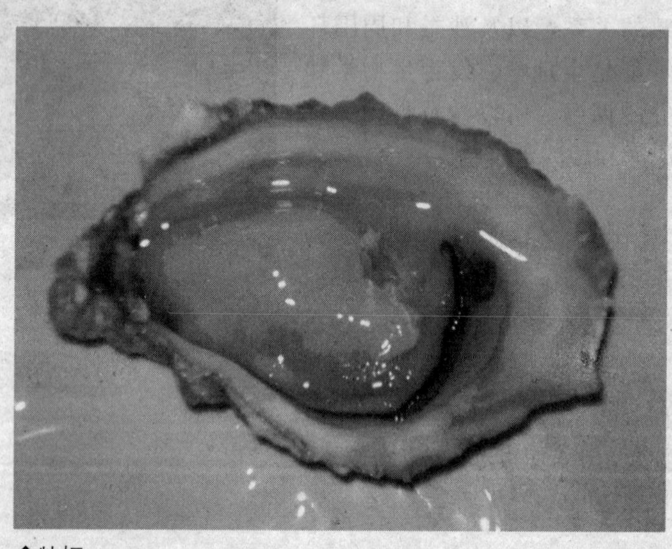

◆牡蛎

牡蛎地位如何

牡蛎，在生物分类上为软体动物，属于牡蛎科或燕蛤科。

牡蛎价值

牡蛎的价值总的来说，大约有三个方面。

食用价值

牡蛎是一种海产佳品，沿海一带广泛养殖以供食用。

◆牡蛎

培养珍珠

牡蛎可被用来产生珍珠。

珍珠（pearl）可在珍珠牡蛎的外套膜中产生。

链接——也说珍珠

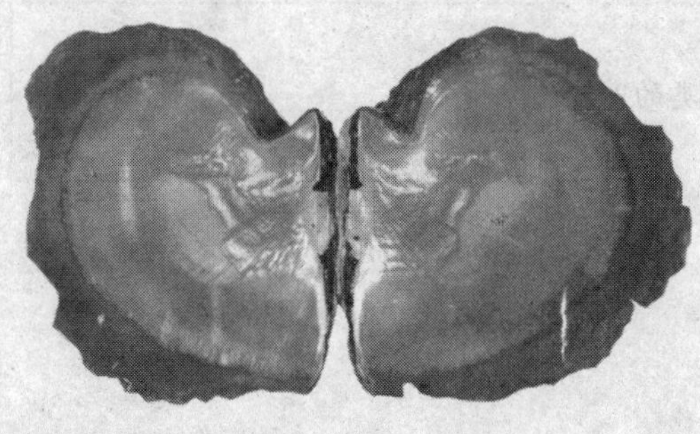
◆珠母贝

若一粒外物侵入牡蛎的壳内，牡蛎即分泌珍珠质将外物层层包起而形成珍珠。食用牡蛎产生的珍珠不光泽，价值不高。只有少数东方的种类，特别是波斯湾的珠母贝（Meleagrinavulgaris）所产的珍珠质量最高。珍珠多采自5岁以上的牡蛎。用手工方法将小粒珍珠植入珠母贝内，便在其周围形成养殖的珍珠。大多珍珠都在日本或澳大利亚沿岸水域养殖。

医学价值

牡蛎主要功能有治心神不安，惊悸失眠；肝阳上亢，头晕目眩；痰核，瘰疬，瘿瘤，症瘕积聚。

此外，煅牡蛎有制酸止痛作用，可治胃痛泛酸，与乌贼骨、浙贝母共研为细末，内服取效。

附方——蛎黄汤，蛎肉带丝汤

1. 蛎黄汤：鲜牡蛎250g，猪瘦肉100g，切薄片。拌少许淀粉，放沸水中煮熟即成。略加食盐调味，吃肉、饮汤。

源于《本草拾遗》。本方取牡蛎肉滋阴补血，以猪瘦肉增强其补益营养作用。用于久病阴血虚亏，妇女崩漏失血，体虚少食，营养不良等。

2. 蛎肉带丝汤：蛎肉250g，海带50g。将海带用水发胀，洗净，切细丝，放水中煮至熟软后，再放入牡蛎肉同煮沸，以食盐、猪脂调味即成。

本方以牡蛎肉滋养补虚，海带软坚散结。用于小儿体虚，肺门淋巴结核、颈淋巴结核，或有阴虚潮热盗汗、心烦不眠等。

1. 牡蛎在分类学上是怎样分类的？
2. 你能说出牡蛎的作用吗？

不要惹我——织锦芋螺

它们颜色艳丽，它们形态优雅，但是它们有毒。它们主要分布、生长于热带浅海处，如印度洋、太平洋、非洲沿岸、澳大利亚、新西兰、菲律宾及日本等。国内分布于台湾、广东、海南岛及西沙群岛。

◆织锦芋螺

认识织锦芋螺

在生物分类上，织锦芋螺属于软体动物门，腹足纲，新腹足目，芋螺科。

其形态特征：贝壳圆锥形，坚固，壳尺寸比较长，可达9厘米，口里具毒齿，其毒性较强。这种螺有剧毒，被叮咬后会有生命危险。

链接——伤人芋螺

◆织锦芋螺

早在1848年就有芋螺叮伤人的报道，至今有记载的芋螺伤人的事件已有70多起，约有26人死亡。其中多是在采集芋螺时受到伤害的。人们采集芋螺有两个目的，其一是食用，其二是收集它的漂亮外壳。据报道有4种芋螺叮咬人会引起人的严重中毒，它们是地纹芋螺、织锦芋螺、珍珠芋螺和黑芋螺。这些芋螺的个体相对较大，而且都生活在浅海区。我国也有芋螺伤人事件，1997年11月15日《珠海特区（周末版）》报道，一位18岁的男青年在捕鱼收网时被一只重203克的海螺叮咬了右脚背，3小时后死亡。正因为芋螺毒性大，且能伤人，所以人们很早就对其开展了诸多方面的研究。

习性环境

它们经常于夜间觅食，食鱼类、贝类或小虫。

本节回顾

1. 织锦芋螺在分类学上是怎样分类的？
2. 你能说出织锦芋螺的生活习性吗？

统治者乌贼——大王乌贼

大王乌贼，它的性情极为凶猛，以鱼类和无脊椎动物为食，它们甚至敢与巨鲸搏斗。国外常有大王乌贼与抹香鲸搏斗的报道。据记载，有一次人们目睹了一只大王乌贼用它粗壮的触手和吸盘死死缠住抹香鲸，抹香鲸则拼出全身力气咬住大王乌贼的尾部。两个海中巨兽猛烈翻滚，搅得浊浪汹涌，后来又双双沉入水底，不知所终。这种搏斗多半是抹香鲸获胜，但也有过大王乌贼用触手捂住鲸的鼻孔，使鲸窒息而死的情况。

◆大王乌贼

生物分类

别称：巨型鱿鱼、巨型章鱼、巨型乌贼、大王鱿、统治者乌贼。

◆大王乌贼

◆大王乌贼袭击商船想象图

◆大王乌贼袭击船只想象图

在生物分类上属于软体动物门头足纲管鱿目大王乌贼科巨乌贼属。

生活习性

大王乌贼，主要产于北大西洋和北太平洋的深海地区，白天在深海中休息，晚上游到浅海觅食。一般幼年的大王乌贼体长3～5米，成年的大王乌贼可长达17～18米。

它可能是目前人们所能知道的体型最巨大的无脊椎动物，身长一般在10至13米，是目前已知最大型的软体动物和无脊椎动物之一。

传说的海怪

自古以来，世界各国的渔夫和水手们中间就流传着可怕的海中巨怪的故事。在这些传说中，海怪往往都体形巨大，形状非常怪异，甚至长着7个或9个头。我们来看其中的几个故事，其中最著名的当属1752年卑尔根主教庞毕丹在《挪威博物学》中描述的“挪威海怪”，据说，“它背部，或者该说它身体的上部，周围看来大约有750米，好像小岛似的”。

后来有几个发亮的尖端或角出现，伸出水面，越伸越高，有些像中型船只的桅杆那么高大，这些东西大概是怪物的臂，据说可以把最大的战舰拉下海底。

轶闻——大王乌贼的力量

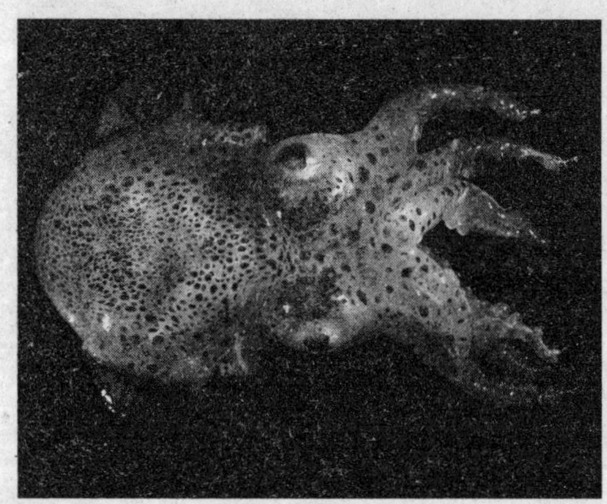

◆乌贼

在1861年11月20日，法国军舰“阿力顿号”从西班牙的加地斯开往腾纳立夫岛途中，遇到一只有5～6米长，长着2米长触手的海上怪物。船长希耶尔后来写道：“我认为那就是曾引起不少争论的、许多人认为虚构的大章鱼。”希耶尔和船员们用鱼叉把它叉中，又用绳套住它的尾部。但怪物疯狂地乱舞触手，把鱼叉弄断逃去。绳索上只留下重约40磅的一块肉。

19世纪70年代，发生几次大王乌贼的残骸在加拿大海滨被冲上岸的情况，其中至少有一次还是活的，借助这些实体，人们终于了解了大王乌贼的一些情况。

◆大王乌贼与抹香鲸的搏斗想象图

1978年11月2日，加拿大纽芬兰三个渔民在海滩上发现一只因退潮而搁浅的巨大海洋动物，渔民们说，它身长足有7米，有的触手长达11米以上，触手上的吸盘直径达10厘米，眼睛足有脸盆大。渔民们用钩子钩住它，怪物挣扎了一会儿，不久就死去了。

直到深海潜水发达的今天，人们才真正拍到了大王乌贼的真实照片。

大王乌贼到底可以有多大

最大的大王乌贼可以有多大？要回答这个问题并不容易，人们并没有发现也不敢说自己发现的就是最大的。人们曾测量一只身长 17.07 米大王乌贼，其触手上的吸盘直径为 9.5 厘米。但从捕获的抹香鲸身上，曾发现过直径达 40 厘米以上的吸盘疤痕。

我们由此推测，与这条鲸搏斗过的大王乌贼可能身长达 60 米以上。如果真有这么大的大王乌贼，那也就同传说中的挪威海怪相差不远了。但这样大的吸盘疤痕也可能是抹香鲸小的时候留下，后来随抹香鲸长大而变大的，所以现在根本不能确定是否有这样巨大的乌贼。

1. 大王乌贼在分类学上是怎样分类的？
2. 你能说说有关海怪的故事并解释它们吗？

神奇智者——章鱼

全世界章鱼的种类有很多，大约有650种，它们的个体大小相差极大。最小的章鱼是乔木状章鱼（O. arborescens），长约5厘米（2寸），而最大的可长达5.4米（18尺），腕展可达9米（30尺）。章鱼雌雄异体。雄体具一条特化的腕，称为化茎腕或交接腕。

大部分章鱼用吸盘沿海底爬行，它们在遇到危险时会喷出墨汁似的物质，作为烟幕。有些种类产生的物质可麻痹进攻者的感觉器官。

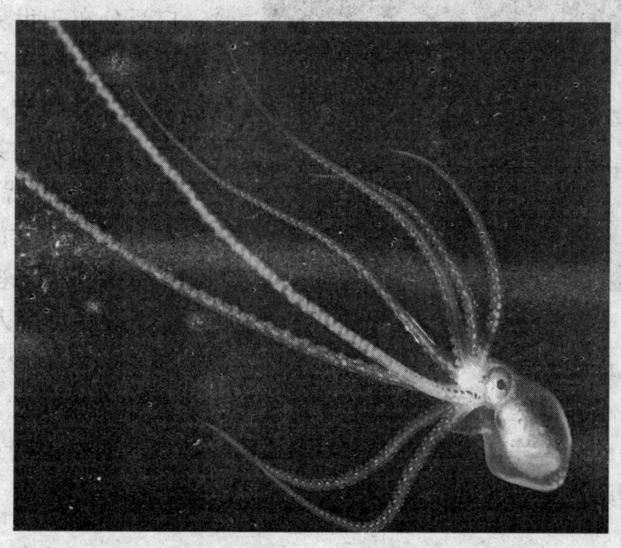

◆章鱼

浅淡章鱼

章鱼，又称石居、八爪鱼、坐蛸、石吸、望潮等。

它在生物分类上属于软体动物门、头足纲、八腕目（Octopoda）。严

◆章鱼

格意义上仅指章鱼属（Octopus）动物，广泛分布于浅水中。

章鱼有8个腕足，腕足上有许多吸盘；有时会喷出黑色的墨汁，掩护逃跑。

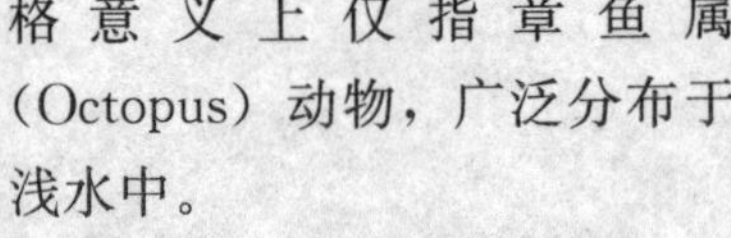

各类章鱼显神通

最熟知的章鱼是普通章鱼（O. vulgaris），体型中等，主要以蟹类及其他甲壳动物为食。广泛分布于世界各地热带及温带海域，栖息于多岩石海底的洞穴或缝隙中，喜隐匿不出。人们认为这种类型的章鱼是无脊椎动物中智力最高者，而且具有高度发达的含色素的细胞，故能极迅速地改变体色，变化之快亦令人惊奇。

◆蓝环章鱼

世界上最毒的章鱼，是蓝环章鱼，蓝环章鱼属于剧毒生物之一，虽然这种章鱼很小，但是如果被这种小章鱼咬上一口就能致人死亡。当然它和其他的有毒动物一样，一般是不会主动攻击人类的。所以人们在海边游玩时要注意别踩到它。

趣闻

章鱼的触腕和人的手一样，有着高度的灵敏性，用以探察外界的动向。每当章鱼休息的时候，总有一二条触腕在值班，值班的触腕在不停地向着四周移动着，高度警惕着有无“敌情”。

章鱼的本领

章鱼能够在大海中活得如此潇洒，是与它有着特殊的自卫和进攻法宝是分不开的。

触腕和吸盘

首先，章鱼有八条感觉灵敏的触腕，每条触腕上约有 300 多个吸盘，每个吸盘的拉力为 0.1 牛顿，想想看，无论谁被它的触腕缠住，都是难以脱身的。

◆章鱼的触腕和吸盘

如果外界真的有什么东西轻轻地触动了它的触腕，它就会立刻跳起来，同时把浓黑的墨汁喷射出来以掩藏自己，趁此机会观察周围情况，准备进攻或撤退。章鱼可以连续六次往外喷射墨汁，过半小时后，又能积蓄很多墨汁，章鱼的墨汁对人不起毒害作用。

变色能力

其次，章鱼有十分惊人的变色能力，它可以随时变换自己皮肤的颜色，使之和周围的环境协调一致。章鱼在恐慌、激动、兴奋等情绪变化时，皮肤都会改变颜色。

◆章鱼变色

再生

再者就是章鱼的再生能力很强。每当章鱼遇到敌害时，有时它的触腕被对方牢牢地抓住了，这时候它就会自动抛掉触腕，往后退一步，让断触腕的蠕动来迷惑敌害，自己趁机赶快溜走。每当触腕断后，伤口处的血管就会极力地收缩，使伤口迅速愈合，所以伤口是不会流血的，第二天就能长好，不久又长出新的触腕。

脱身技能高

最后一点，章鱼有高超的脱身技能。它们在遇到危险时会喷出墨汁似的物质。由于章鱼能将水存在套膜腔中，依靠溶解在水中的氧气生活，因此它离开了海水也照样能活上几天。

轶闻——鸠占鹊巢

章鱼喜欢钻进动物的空壳里居住。每当它找到了牡蛎以后，就在一旁耐心地等待，在牡蛎开口的一刹那，章鱼就赶快把石头扔进去，使牡蛎的两扇贝壳无法关上，然后章鱼把牡蛎的肉吃掉，自己钻进壳里安家。

链接——章鱼的智慧

雌章鱼也许是世上最尽心也是最富有自我牺牲精神的母亲。它一生只生育一次，产下数百至数千个卵（章鱼产卵数量少），藏于自己的洞穴之中，在孵化期间，雌章鱼寸步不离地守护着洞穴，不吃也不睡，不仅要驱赶猎食者，还要不停地摆动触手保持洞穴内的水时时得到更新，使未出壳的小宝贝们得到足够的氧气。小章鱼出壳的那天，母章鱼也就完成了自己一生的职责，精疲力竭而死去，世上有几种动物能有这么伟大的母爱！

章鱼有较发达的神经系统，对人又很亲善，所以欧洲有些地方的渔民，很早就知道训练章鱼捕捉海底的贝、蟹甚至鱼类。章鱼天性好奇、肯学，还有很好的记忆，对掌握的经验永不忘记，形状古怪的章鱼却有如此好的“脑子”，实在令人称奇。难怪有些科幻小说（如《星球大战》）的作者，竟把火星人描绘成章鱼形的怪物，在海洋动物中，海豚以体态漂亮、善解人意而赢得人类的特别宠爱，或许丑八怪章鱼的“智力”，更值得人类去开发！

章鱼的开发利用

执著的打捞者

◆识货的章鱼

人们正是利用章鱼的特殊习性，使章鱼在渔业生产、打捞沉在海底的贵重器皿物品等工作时，充当“打捞工”的角色。

第一次世界大战期间．很多军舰和商船把希腊的克里特岛海岸当作基地，不少运煤船经常在这里卸煤，久而久之，掉在海底的煤块堆积如山。渔民们想把这些煤捞上来．可是他们又买不起采掘机。这时，人们又想起了章鱼。

章鱼很有力气。它8只腕手每只都有300个吸盘，直径为25毫米的一个吸盘可吸住48克重的物体，身长1.5～2米的章鱼，吸盘直径约为6毫米，吸重力为0.1牛顿。章鱼生活在水下，如果没有陶瓷瓦罐海螺贝壳可作居室时，便自己动手建造房屋。克里特人掌握章鱼这些力大的习性后，便让它们充当“捞煤工”。他们把捕到的章鱼拴上长绳沉到深海。因为章鱼不习惯在绳子上晃荡，一到海底便绝望地抓住遇到的第一块石头。这样，克里特人便用章鱼捞上不少煤块。

小博士

它们往往能拖采超过自身体重5倍、10倍甚至20倍的大石块。一次，人们发现，一条章鱼一下子拖来8块石头，每块石头重220克。

新闻链接——章鱼指路

章鱼指路，韩国打捞出 3000 万美元古代青瓷器

韩国一个渔夫捕到一些“奇特”的章鱼，它们的吸盘上吸附着瓷器碎片。韩国国家海洋博物馆根据章鱼提供的线索，在附近海域组织打捞，结果发现了 1 万多件古青瓷器，总价值在 200 亿到 300 亿韩元（约合 2000 万至 3000 万美元）之间。

◆章鱼

据英国《每日邮报》报道，渔民金永哲，现年 58 岁。5 月 18 日，他像往常一样驾着一艘小渔船，来到离韩国首都首尔西南 90 公里处的泰安附近海域捕章鱼。当天，为了捕到更多的章鱼，金永哲把撒网地点往南推移了数公里。撒了一阵网后，金永哲忽然感到渔网往下沉。他迅速收起渔网，结果捕到了当天的第一条章鱼。

随后，金永哲惊奇地发现，这条章鱼的吸盘上居然吸附着一些蓝色物体。起初，他以为那是一些贝壳碎片。但经过仔细检查，他辨认出蓝色物体其实是一些瓷器碎片。金永哲继续撒网，随后捕获的章鱼吸盘上都吸附着碎瓷片，其中一条章鱼还吸附着一个完整的瓷盘。

碎瓷片的不断出现使金永哲意识到，这片海域底部可能有某些重要物品。此前，他曾经听闻，潜水员在附近海岸发现过装满古物的失事船只遗骸。金永哲随即把这一情况报告韩国国家海洋博物馆。

国家海洋博物馆专家对章鱼吸附的瓷器碎片和瓷盘作了鉴定。博物馆工作人员穆焕锡（音译）说：“你可以想象当我们鉴定这些碎片和瓷盘时有多兴奋，那简直是一个完美无瑕的瓷盘。”随后，博物馆立刻派出工作人员前往事发地，潜入海底展开进一步打捞工作。

据穆焕锡介绍，尽管工作人员没有在附近海域发现沉船，但发现了 30 件 12

世纪即高丽王朝时期的瓷碗。这些瓷碗大多绘有菊花以及植物藤蔓，是当时瓷器的典范之作。

博物馆专家说，在高丽王朝时期，朝鲜半岛西海岸建有不少瓷窑。此前，打捞人员也在西海岸的沉船上发现过陶瓷文物。因此，几百年前，很可能有一艘载有高丽瓷器的船只在泰安海域沉没，船上的瓷器也随之沉入海底，而这次发现的瓷器可能就是其中的一部分。穆焕锡说："这次是章鱼'指引'我们发现文物。"

在 30 件瓷器重见天日后，24 日，国家海洋博物馆的工作人员在泰安附近海域展开了全面水下挖掘工作。挖掘结果发现，在一艘不明沉船附近，有 1 万多件古青瓷器，其中大部分是青瓷碗和青瓷盘，另一小部分是黄瓜状的瓷水壶。这些瓷器用麻绳捆扎，按列码放在一起。

博物馆专家说，这些青瓷器中的一部分上了釉，另一些与 12 世纪中期使用的杯子外形相像。因此，这批青瓷器可能产于 12 世纪中晚期，总价值在 200 亿到 300 亿韩元之间。

韩国明知大学云永易教授认为，尽管这批古青瓷不是皇家用品，但也是上层贵族和政府官员使用的上乘瓷器。他说，"根据它们的形状和光泽度，这项发现可以和此前最重大的水下挖掘结果相媲美。"

章鱼可食

章鱼也有食用价值。章鱼的肉很肥厚，也是优良的海产食品。

1. 章鱼在分类学上是怎样分类的？和乌贼有何区别？
2. 你能说出章鱼的一些特殊的本领吗？
3. 章鱼对于我们人类有什么用途？

“海洋昆虫”——磷虾

磷虾类生活在远洋，已知82种。多数在下侧有发光器，在夜间可见。大多分布在南极一带，在海洋表层或2000米以下深处结成大群，是各种鱼、鸟和鲸（特别是蓝鲸和长须鲸）的食料。它们是含蛋白质最高的生物。

◆磷虾

磷虾的位置

磷虾在生物分类上属于无脊椎动物，节肢动物门，甲壳纲，是磷虾目，磷虾科动物的通称。

磷虾资源

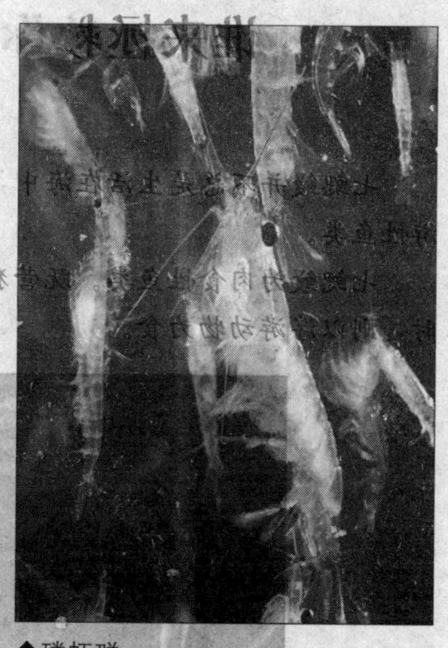

◆磷虾群

南极磷虾资源非常丰富，主要生活在距南极大陆不远的南大洋中，尤其在威德尔海的磷虾更为密集。甚至有时磷虾集体洄游可以形成长、宽达数百米的队伍，每立方米水中有 3 万多只磷虾，从而使得海水也为之变色：在白天海面呈现一片浅褐色；夜里则出现一片荧光。场面相当壮观。

合理开发

然而由于过度捕捞，使得本就脆弱的南极生态系统更加危险，因为在那里，几乎所有的动物都直接或间接地依赖磷虾而生存，因此如果磷虾捕捞业不断扩大，势必危及到南极鲸类的生存，它们将不是死于捕鲸叉，而是死于饥饿。

磷虾的进一步开发利用是必然的，但是应该将其捕获控制在最大的可持续捕获量之内，以保护南极的生态平衡。

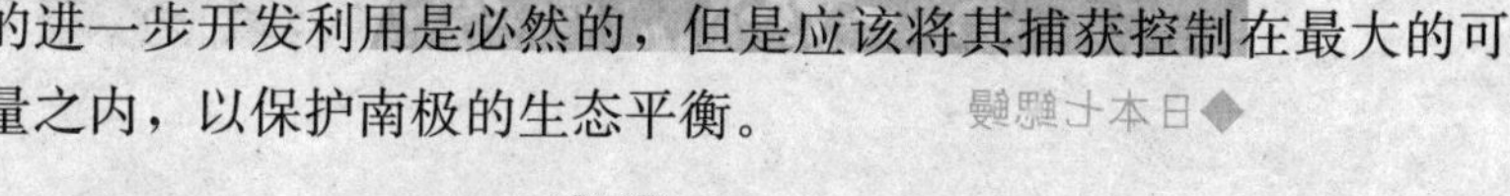

本节回顾

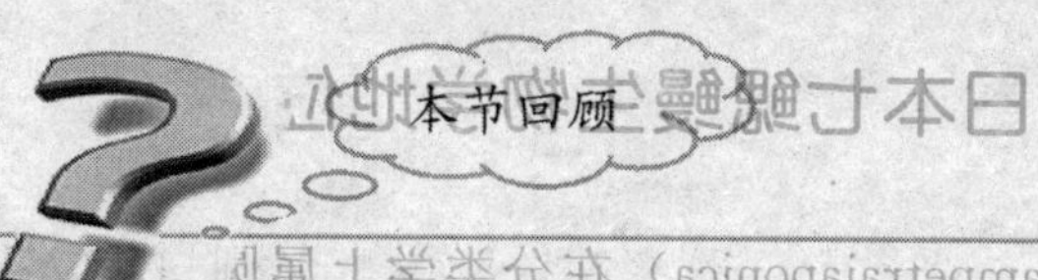

1. 磷虾在分类学上是怎样分类的？
2. 对于合理开发磷虾资源应该怎么做？说说你的想法。

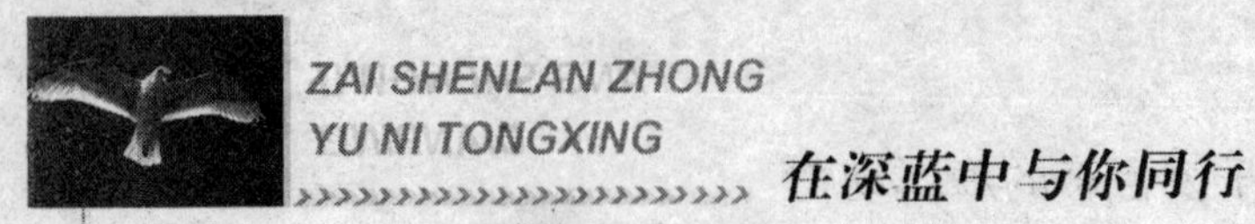

谁来拯救你——日本七鳃鳗

七鳃鳗并不总是生活在海中，只有部分时期在海中生活，为典型的洄游性鱼类。

七鳃鳗为肉食性鱼类。既营独立生活，又营寄生生活，过着独立生活时，则以浮游动物为食。

◆日本七鳃鳗

日本七鳃鳗生物学地位

日本七鳃鳗（Lampetrajaponica）在分类学上属圆口纲，七鳃鳗目，七鳃鳗科，七鳃鳗属。俗称：八目鳗，七星子，是一种易危动物。

◆日本叉牙七鳃鳗

形态特征

日本七鳃鳗体呈圆柱形，尾部侧扁。八目鳃或七鳃鳗得名于它头部的两侧各在眼睛之后有一行 7 个分离的鳃孔，鳃孔与眼睛排成一直行共 8 个像眼睛的点。鼻孔单个，位于头背面两眼的中间；鼻孔后方有一个白色的皮斑，为感光皮。

> 它们在寄生生活时，经常用吸盘附在其他鱼体上，用吸盘内和舌上的角质齿锉破鱼体，吸食其血与肉，有时被吸食之鱼最后只剩骨架。

保护七鳃鳗

由于水土流失和产卵场及幼鱼生活环境遭到破坏，加上水质污染影响了生存环境，使得日本七鳃鳗的资源量相当少，处于易危状态。更为关键的是目前尚无有效的保护措施。

1. 日本七鳃鳗在分类学上是怎样分类的?
2. 对于如何保护七鳃鳗，请说说你的想法。

深海怪物——大西洋盲鳗

大西洋盲鳗在栖息在软泥丰富的海底，而最深曾在1219米的海底发现它们。它们在软泥上打一个洞，然后把自己藏进去，只留头部在外面，等候经过的牺牲品。除了活鱼之外，这些恶魔还吃无脊椎动物，并打扫死鱼的尸体以及将死未死的鱼。由于在这种深度觅食不易，所以大西洋盲鳗几乎找到什么就吃什么。它们雌雄同体，在交配时它先充当雄体，一段时间后，又充当雌体。受精卵不经变态可直接发育成小鳗。

◆大西洋盲鳗

分类和分布

大西洋盲鳗在分类学上，其属圆口纲，盲鳗目。

它分布于世界各处的海床上，最深可达到1219米深的地方，大小约为40.64～81.28厘米。

和七鳃鳗的比较

盲鳗和前面我们提到的比较熟悉的七鳃鳗是近亲，也是没有颌的原始鱼类，但是它们完全生活在海洋，与淡水中产卵的七鳃鳗不同。比起七鳃鳗，它们是海洋深处的真正怪物，在许多人看来是很恶心的东西，没有鳞片，皮肤软软的，没有腹鳍和背鳍，在嘴的末端有密集的三角形的牙齿。

◆盲鳗

它们不仅没有颌骨，甚至根本没有硬骨头，整个骨干都是软骨。它们的眼睛进化得很原始，位于皮肤下面，而且几乎是盲的。而这些都不算什么。更让人难以接受的是它们的进食习性。

广角镜——大西洋盲鳗进食习性

盲鳗把自己吸附在经过的鱼的躯体上，然后开始往寄主的身体上打洞（多选择鳃部）并往里钻，一旦进入，盲鳗就开始用特化的带锉的舌头来吃寄主鱼身上的肉，而且是从里往外吃。所有盲鳗均是如此进食。

一条盲鳗在大鱼腹中呆 7 小时，可吃光比它自身体重大 18 倍的鱼肉。

有人曾在一尾鳕鱼的尸体内找到了 123 条盲鳗，鳕鱼的内脏已被吃光。

1. 大西洋盲鳗的分类学地位。
2. 大西洋盲鳗与七鳃鳗的区别。

掠食者——虎鲨

虎鲨不仅有一个让人望而生畏的名字，而且它们凶残的本性和惊人的捕食能力让这个称呼名符其实。虎鲨以其独特的虎斑状花纹得名，它是目前所知的在其所在科属中体型最大的成员。虎鲨通常游弋在热带的浅海区域，不过在泥泞的河口和温带海域它们也可以活得一样逍遥自在，在那里它们会对任何能吃和不能吃的东西都吃得津津有味，无论是塑料瓶子、汽车牌照、橡胶轮胎还是酒瓶子和空铁罐都照吃不误。

◆虎鲨

也说虎鲨

在分类上，虎鲨属于软骨鱼纲中的鲨形总目，虎鲨目，虎鲨亚目，虎鲨科，虎鲨属。

宽纹虎鲨亦称虎鲨，分布于我国北部沿海、台湾北部海域，如东海、黄海。在国外的日本外海、韩国也常见其踪。

形态特征：鳃裂5对。背鳍2个，前方1个具硬棘，有毒腺相连，具臀鳍。

虎鲨凶猛

它们让人触目惊心的锯状牙齿常常用来从较大的猎物身上撕下大块的肉，包括鲸鱼的残骸和其他海洋哺乳动物。同时，它们也有人所共知的消化诸如海龟这样带有坚硬外壳的生物的能力。在有关鲨鱼伤人事件报道的数量方面，虎鲨是仅次于白鲨的肇事者。它们巨大的体型、古怪的本性以及来者不拒的饮食习惯使它们成为危险的敌人，对许多致命的攻击负有主要责任。

◆与虎鲨搏斗

美国曾经有一款战斗机就是以虎鲨命名的。

◆F－20虎鲨战斗机

鲨中另类——双髻鲨

双髻鲨主要分布在热、温带海洋海域的近海或半咸水中。双髻鲨以其头部的形状而得名。双髻鲨的头部非常奇特，左右各有一个突起。每个突起上各有一只眼睛和一个鼻孔。两只眼睛相距达到1米。人们认为头部特殊的形状有方向舵的作用，可以加大机动性。两个鼻孔远远分开，有利于辨认气味，从而寻找目标。

◆双髻鲨

话说双髻鲨

双髻鲨在生物分类上属软骨鱼纲，板鳃鲨亚纲，真鲨目，双髻鲨科。作为海洋中贪婪的掠食者，双髻鲨有其独特的本领：首先它能够非常准确地确定猎物的方向和速度，其次双髻鲨的嘴巴长在头的下方，一嘴尖利的牙齿，可以让猎物胆战心惊。

双髻鲨的分布

◆双髻鲨

它们喜欢的食物就是鱼类、甲壳类和软体动物，因此双髻鲨经常在海滩、海湾和河口处出没，在珊瑚礁中寻找这些食物，所以说双髻鲨是一种危险的鲨鱼。每年，世界各地都有双髻鲨袭击人类的事件发生。不过，这只是双髻鲨在受到惊吓时的极端行为。只要你不主动向它挑衅，双髻鲨一般是不会伤人的。

双髻鲨是迁徙性鱼类。大群的双髻鲨会组成浩浩荡荡的迁徙队伍，出现于季节更替之时，作一次长途旅行。每到夏天，它们游到温带海域避暑。而在冬天，它们游到热带海域越冬。

知 识 窗

卵胎生

卵胎生是指动物的卵在母体内发育成新的个体后才产出母体的生殖方式。它是介于卵生和胎生之间的生殖方式。蝮蛇、海蛇和胎生蜥、铜石龙蜥等均为卵胎生动物。这是动物长期适应的结果，是动物对不良环境的长期适应形成的繁殖方式，使得母体对胚胎起到保护和孵化作用。

双髻鲨的生殖

双髻鲨的生殖方式是卵胎生。

雌双髻鲨产卵的大小与其个体的大小有关。一条体形较大的雌双髻鲨一次可以产下 40 枚卵。当这些卵在雌双髻鲨体内孵化出小鲨鱼后，雌双髻鲨就开始分娩了。

真正的海中霸王——噬人鲨

噬人鲨主要分布于热带、亚热带等温带海洋。在大洋洲海域最为常见。鲨鱼的种类很多，世界海洋中至少有350多种，在中国海就有70多种。所以说在浩瀚的海洋里，被称为“海中霸王”的鲨鱼遍布世界各大洋。

◆噬人鲨

噬人鲨概述

鲨鱼属于软骨鱼类，身上没有鱼鳔，调节沉浮主要靠它很大的肝脏。例如,在南半球发现的一条3.5米长的大白鲨，其肝脏重量达30公斤。

噬人鲨亦称食人鲨。主要是指鲭鲨科大白鲨，在生物分类上，属软骨鱼纲，板鳃鲨亚纲，鲭鲨目，鲭鲨科。也有些人认为其应该指鲭鲨科的大白鲨和真鲨科（Carcharhinidae）尼加拉瓜湖鲨等两种危险性鲨鱼的通称。

大部分鲨鱼对人类有利而无害，当然鲨鱼的确有吃人的恶名，但并非所有的鲨鱼都吃人，只有 30 多种鲨鱼会无缘无故地袭击人类和船只。噬人鲨就是其中之一。

噬人鲨习性凶猛，在被钓捕或受枪击时，挣扎猛烈，有袭击渔船和噬人的记录。一般体长 6～8 米，大的也可以达到 12 米。捕食各种大型动物。也吞食大量小型鱼类和头足类。

噬人鲨价值

鲨鱼是重要的经济鱼类，虽然它性情凶猛，面目可憎。正如前文所述，鲨鱼的肝脏特别大，富含维生素 A、D，因此是制作鱼肝油的重要原料；鲨鱼皮可以制革，其鳍即是海味珍品——鱼翅。

噬人鲨的特殊本领

噬人鲨之所以能够在海中称霸亿万年，与它特殊的本领是分不开的。

◆噬人鲨

鲨鱼的生存能力极强，根据化石考察和科学家推算得知，鲨鱼在地球上生活了约 1.8 亿年至今外形都没有多大改变。人们总是因为它性格极为凶猛，对它存有较大的偏见，认为它是那么原始和愚笨，但事实是，鲨鱼不但具有高度发达的脑子，能借助电磁场导航，能将信息储存在大脑的中心部位，而且可直接把信息发送到运动神经系统；并且凭借敏锐的嗅觉维持全部生命活动。

奇特的嗅觉

鲨鱼在海水中对气味特别敏感，尤其对血腥味，往往伤病的鱼类不规则的游弋所发出的低频率振动或者少量出血，都可以把它从远处招来，所以说鲨鱼的嗅觉甚至能超过陆地上狗的嗅觉。它可以嗅出水中1ppm（百万分之一）浓度的血肉腥味来。这可能也是雌鲨鱼分娩过后，即使在大海里漫游上千千米之后，又能沿着气味逆游回到它的出生地生活的原因。1米长的鲨鱼，其鼻腔中密布嗅觉神经末梢的面积可达4842平方厘米，如5～7米长的噬人鲨，其灵敏的嗅觉可嗅到数千米外的受伤人和海洋动物的血腥味。

◆噬人鲨

独特的牙齿

人们知道，鲨鱼在海洋生物中有它许多独特的生态。除了灵敏的嗅觉，鲨鱼的牙齿结构也是它的另一个独特生态之一。凡是熟悉鲨鱼的人都知道，它的牙齿像一把锋利的尖刀，能轻而易举地咬断像手指般粗的电缆。而且可怕的是它们在相互抢食时，鲨鱼常常就会不分青红皂白，甚至连自己亲生的孩子——鲨仔，也不放过，吃得一干二净；当一条鲨鱼为其他鲨鱼所误伤而挣扎的时候，这头伤鲨就该倒霉了，其他同宗族的兄弟也同样会群起而攻之，直至其被完全吞食完毕为止。

◆噬人鲨

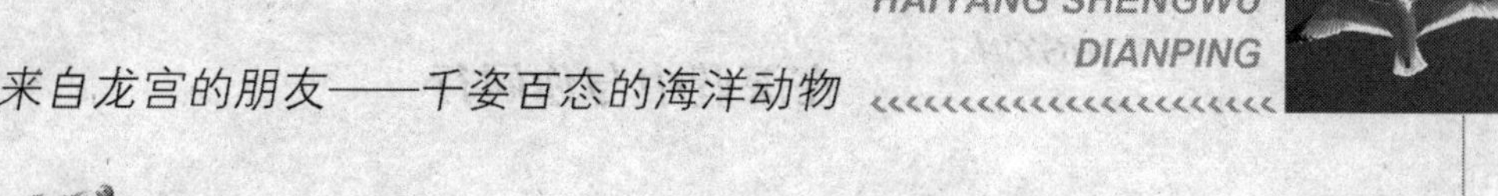

广角镜——同胞相残

还有更加恐怖的是鲨鱼由于是胎生的，一胎可产10余条鲨仔，最高可达80余条之多，这些鲨仔在娘胎里竟也互相残杀，这种现象曾被人们发现于大西洋海岸的一种虎鲨的肚子里，人们通过对母鲨进行解剖得出这一结论：“娘胎却成了战场。这在任何动物中都是未曾见过的先例。”

1. 你能说出噬人鲨的其他名称吗?
2. 噬人鲨在生物分类上的地位?
3. 噬人鲨的特点?

温柔的大个儿——鲸鲨

鲸鲨是目前世界上最大的鱼类，鲸鲨是最大的鲨，而不是鲸，用鳃呼吸，通常体长在10米左右，最大个体体长达20米，体重10～15吨，为鱼类之冠。体灰褐或青褐色，具有许多黄色斑点和垂直横纹。

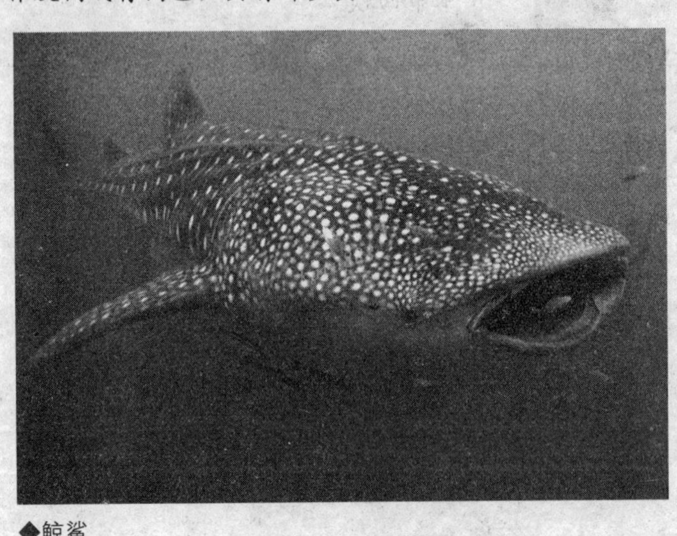

◆鲸鲨

鲸鲨简介

鲸鲨在生物分类上属于软骨鱼纲，板鳃鲨亚纲，须鲨目，鲸鲨科，鲸鲨属。本科中，只有一个成员，就是鲸鲨。它是世界上最大的鱼。它主要分布在热带和亚热带海域中，寿命大约有70年。

一般认为这种鲨鱼大约出现在6000万年前。虽然鲸鲨具有宽大的嘴，不过它们的食物主要是小型动植物，是一种滤食动物。（英国广播公司的自然纪录片《行星地球》曾拍摄到一条正在捕食小型鱼类的鲸鲨。）

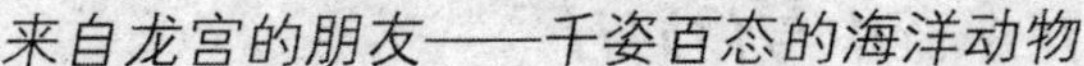

知识窗

滤食性动物

滤食性动物是以过滤方式摄食水中浮游生物的动物，包括主动滤食者和被动滤食者两类。滤食性动物以鳃和（或）口中齿作为滤网，通过水的吸入与吐出而滤取小型浮游生物。海洋中典型的滤食性动物有鲱鱼、油鲱、沙丁鱼、鳀鱼等。

鲸鲨生殖

人们推测鲸鲨是十分的晚熟，怀孕的几率很低。因为尽管成熟的鲸鲨有不少被渔获的记录，但却很少发现怀孕的个体。尽管如此，也有例外的事件，曾有记录一尾怀孕的鲸鲨怀有超过 300 尾的胎仔，这可能是软骨鱼类中（鲨鱼及魟）每胎孕子数最高的种类。

鲸鲨的价值和生存现状

鲸鲨全身是宝，肉可供食用，皮可制革，鳍加工成鱼翅，肝提取鱼肝油，骨、内脏可制鱼粉。

◆鲸鲨

正因如此，对鲸鲨的捕捞就相当过分，因此保护鲸鲨迫在眉睫。然而在中国鲸鲨并非保护动物。中国的相关法律在鲸鲨保护方面是一个空白，对鲸鲨的捕捞、贩卖和消费完全处于行政力量监控的真空中。这很可能是由于以往缺乏对于鲸鲨的调查数据，鲸鲨被认为在中国海域没有分布，以至于立法者和行政主管部门都忽视了对这一物种的保护。

而在国际上，鲸鲨体型巨大，并且以捕食较小型的动物为生，此类动物大多采取所谓的 k 策略繁衍：生殖周期长，繁衍能力弱。通常都是受到保护的对象。

链接——k—选择

k—选择——有利于竞争能力增加的选择称为 k—选择。k—选择的物种称为 k—策略者（K—strategistis）。k—策略者是稳定环境的维护者，在一定意义上，它们是保守主义者，当生存环境发生灾变时，很难迅速恢复，如果再有竞争者抑制，就可能趋向灭绝。

1. 鲸鲨在生物分类上的地位。
2. 对于保护鲸鲨，你有何建议？

潜伏者——鳐鱼

很久以前，大约在1.8亿年前，鳐鱼是鲨鱼的同类，但为了适应海底生活，长期将身体藏在海底沙地里，便慢慢进化成现在模样：鳐鱼的头和身体直接连接，没有脖子。鳐鱼是多种扁体软骨鱼的统称。广泛分布于全世界大部分水区，从热带到近北极水域，从浅海到2700米以下的深水处。

◆鳐鱼

鳐鱼概述

我们通常所说鳐在生物分类学上，属于软骨鱼纲，板鳃亚纲，下孔总目（鳐总目），其下包括鳐目、电鳐目、锯鳐目、燕魟目。

鳐鱼种类多样，体型也就大小各异，小鳐成体仅50厘米；大鳐可长达

2.5 米。鳐鱼的家族成员很多。体形巨大的蝠鲼和能够放电的电鳐都属于鳐鱼类。全世界发现的鳐鱼有 100 多种，中国约占一半，主要生活在东海和南海。鳐鱼无害，底栖，常常部分埋于水底沙中。游动时靠胸鳍作优美的波浪状摆动前进。以软体动物、甲壳类和鱼类为食，由上面突然下冲，扑捕猎物。

◆蝠鲼

鳐鱼也不简单

鳐鱼并不凶悍，也不会主动袭击人，绝大部分鳐鱼都是不爱游动的底栖鱼。如果被人惊扰，它就会用尾巴上强壮而坚硬的尾巴毒刺刺向来犯者。如果你躲避不及，伤口会疼痛难忍。有些鳐鱼的毒很厉害，一旦抢救不及时，受伤的人甚至有生命危险。有一种可以飞行，它是最大的一种鳐鱼——线鳐，胸鳍展开后能达到 8 米。

鳐鱼生殖

◆鳐鱼

目前所发现的所有的鳐类鱼均为卵生，其卵又称“美人鱼的荷包”，常见于海滩，长方形，有革质壳保护。

美味鳐鱼餐

食谱——蒜子焖鳐鱼

材料：鳐鱼一斤，姜、葱、蒜、辣椒、胡椒粉、料酒、生抽、盐、鸡精适量。

做法：1. 将鳐鱼切块。

2. 起油锅，将姜、蒜、辣椒爆香。

3. 下鳐鱼稍煎一下。

4. 盏入料酒，下盐、生抽、胡椒粉调味，然后加水烧煮，起锅前加入葱、鸡精调味。

食谱——鳐鱼焖豆腐

材料：鳐鱼肉 600g，豆腐 350g，八角 1 个，姜丝、葱丝少许，花椒 10 多粒，青椒 1 个。

做法：1. 将姜葱八角、花椒放入油锅炒出香味。

2. 放入鳐鱼肉翻炒至变色。

3. 放入生醋 1 大勺，老醋 1 大勺，糖 1 小勺，盐 1 小勺，鸡精 1 小勺，翻炒均匀。倒入热水稍没过鱼肉，放入豆腐，用文火烧 20 分钟左右。

4. 大火收汤，出锅前放入 1 个青椒，1 小勺醋，大量的洋葱、干葱、大蒜、辣椒干，和鳐鱼一起煮，加一点椰奶则更香。

1. 鳐鱼在生物分类上的地位。
2. 你能说出多少种鳐鱼？

海中的活电站——电鳐

由于电鳐会发电，有海中“活电站”之称。人们也常把电鳐叫做活的发电机、活电池、电鱼等。电鳐每秒钟能放电 50 次，但连续放电后，电流逐渐减弱，10～15 秒钟后完全消失，休息一会后又能重新恢复放电能力。

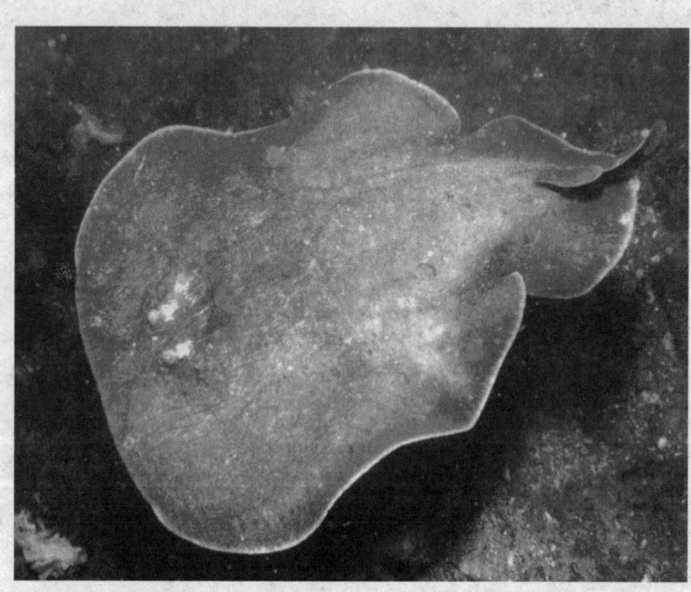

◆澳洲睡电鳐

电鳐简介

电鳐是电鳐科（Torpedinidae）、单鳍电鳐科（Narkidae）、无鳍电鳐科（Temeridae）鱼类的统称。在生物分类学上，属于软骨鱼纲，板鳃亚上的纲，下孔总目（鳐总目），它因能发电伤人而闻名。主要分布于世界上的热、温带水域。

电鳐放电能力

其实世界上有许多种电鳐，其发电能力各不相同。非洲电鳐一次发电的电压在220伏左右，中等大小的电鳐一次发电的电压在70～80伏，像较小的南美电鳐一次只能发出37伏电压。大型电鳐发出的电流非常大，足以击倒成人。

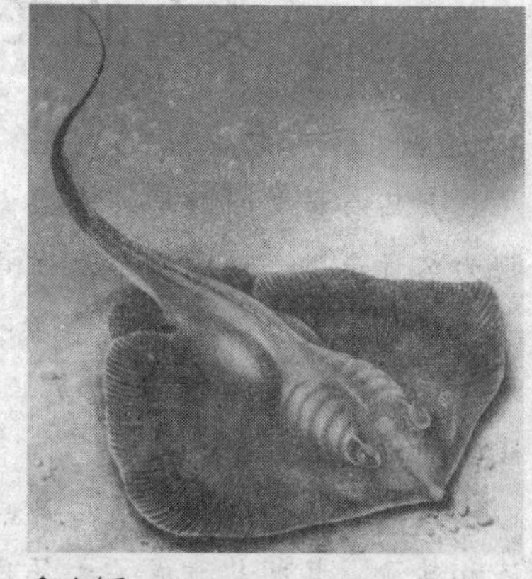

◆电鳐

发电的原因

科学家研究发现，电鳐的发电器最主要的枢纽，是器官的神经部分，电鳐能随意放电，放电时间和强度，完全能够自己掌握。电鳐把发电作为一种捕食手段，靠发出的电流击毙水中的小鱼、虾及其他的小动物，是一种捕食和打击敌害的手段。

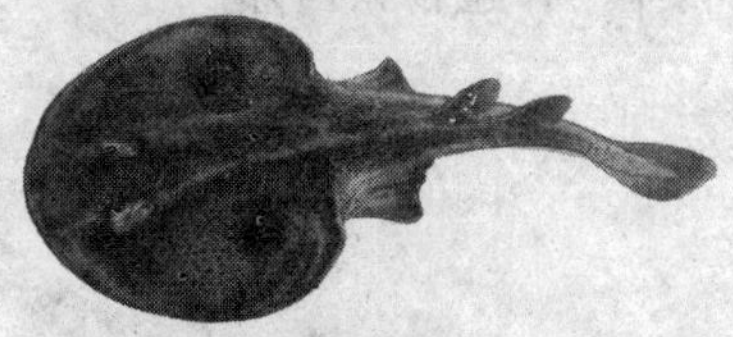

◆黑斑双鳍电鳐

链接——干电池之源

电鳐的放电特性启发人们发明和创造了能贮存电的电池。人们日常生活中所用的干电池，在正负极间的糊状填充物，就是受电鳐发电器里胶状物的启发而改进的。

1. 电鳐在生物分类上的地位。
2. 你能说说电鳐放电的原因吗？

美食的来源——大马哈鱼

大马哈鱼又叫鲑鱼，素以肉质鲜美、营养丰富著称于世，历来被人们视为名贵鱼类。我国黑龙江江畔盛产大马哈鱼，是“大马哈鱼之乡”。

黑龙江大马哈鱼盛产季节一般在 9 月中下旬至 10 月上旬，渔期较集中。鱼的体重大的 5～7 千克，小的也有 2～3 千克，大部分为 3～4 千克，比较均匀。

大马哈鱼为黑龙江省特产，其肉质鲜美，是珍贵食品之一。一般为冷冻和盐渍。其卵盐渍成“大马哈鱼籽”，富于营养。鱼及鱼籽不仅供应国内市场，也畅销国外。

◆大马哈鱼

大马哈鱼简介

大马哈鱼是世界名贵鱼类之一。大马哈鱼鱼鳞小刺少，肉色橙红，肉质细嫩鲜美，既可直接生食，又能烹制菜肴，是深受人们喜爱的鱼类。同时用它制成的鱼肝油更是营养佳品。

大马哈鱼在生物分类上属于硬骨鱼纲，辐鳍亚纲，鲑形目，鲑亚目，鲑科，马哈鱼属。

大马哈鱼分布在北纬35度以北的太平洋水域，亚洲和美洲沿岸均有分布。此鱼属于溯河性回游鱼类，民间称："江里生，海里长"。

长游比赛冠军

当秋季来临时，成熟的大马哈鱼成群结队地由鄂霍茨克海回游进入黑龙江，返回到它们原来的繁殖场地产卵。在归途中不论遇到多猛的水势都能冲过去，不论遇到什么障碍都能克服，一直前进。它们顾不得吃，也顾不得休息，急急忙忙地赶路，因此它们沿江上溯的速度相当惊人，每昼夜可上溯30～50千米，不愧为鱼类"长游比赛"的冠军。

知识窗

溯河洄游鱼类：

溯河洄游鱼类平时生活于浅海或近海，每年繁殖季节，由海入长江河口或上游产卵，产卵后亲鱼死亡或与仔鱼返回近海或浅海发育生长。

大马哈鱼的生殖

雌雄鱼双双婚配产卵。产卵后，经过长途跋涉精疲力竭的亲鱼，还要守护在卵床边，直到死亡。100多天后，小鱼才从卵中孵出，来年春天，它们顺流而下，又游向大海，然而它们不会忘却故乡，一旦性成熟，又会历经千难万险，游回家乡。如此循环。

◆银大马哈鱼

大马哈鱼的价值

◆红大马哈鱼

大马哈鱼的肉、肝、精巢和头，均有药用价值。其肉有补虚劳、健脾胃、暖胃和中之功效，可以治疗水肿、消瘦、消化不良、膨闷胀饱、呕吐酸水、抽搐、肿疮等症。鱼肝可提制鱼肝油。精巢可提制鱼精蛋白和配制成多种鱼精蛋白制剂，适应治疗过量注射肝素所引起的反应；它对某些出血症（如上消化道急性出血、肺咳血等）也有明显的止血作用。

轶闻——大马哈鱼的传说

相传唐王东征时来到黑龙江边，正逢白露时节，被敌人围困，外无援兵内无粮草，正当唐王一筹莫展之时，一大臣奏道："何不奏请玉皇大帝，向东海龙王借鱼救饥？"玉帝便令东海龙王派一条黑龙带领鲑鱼前来镇守这条江，人马得到鱼吃，力量倍增，大获全胜。马原来是不吃鱼的，自此马便开始吃鱼了，但也只是吃鲑鱼。所以便把鲑鱼叫作"大马鱼"。许多年后，又是白露时节，有一个叫什尔大如的部落首领所率人马被敌人追到乌苏里江边，前无进路，后有追兵，粮草又断，十分危急，此时一谋士便向什尔大如献策言道："何不仿照唐王东征时向东海龙王借鱼以解燃眉？"黑龙闻知，复率鲑鱼来到乌苏里江边，什尔大如得救，便率部在沿黑龙江、乌苏里江一带定居下来，这些人的后代，便是今天的赫哲人，所以每到白露前后，便有大批的鲑鱼来到黑乌两江。赫哲人称"大马鱼"为"达乌依玛哈"，后经演变，就把鲑鱼叫做"大马哈鱼"。

昼伏夜出的捕食者——海鳗

白天隐伏，夜间觅食。晴天，风平浪静，海水透明度大时，多栖居于泥质洞穴内而减少取食活动。每当风浪大、水质混浊时，多四处觅食，尤以日落黄昏至凌晨时更加活跃，游动迅速。

◆海鳗

也谈海鳗

海鳗在生物分类上属于硬骨鱼纲，辐鳍亚纲，鳗鲡总目，海鳗科。也有说法认为海鳗应该是指鳗鲡目、海鳗科的通称。海鳗一般喜栖息于水深50～80米泥沙底海区，有季节性洄游。其性甚凶猛，游泳迅速，贪食。

海鳗价值

海鳗科鱼类中，以海鳗、山口海鳗数量多、产量大，是重要的食用经济鱼类之一。肉质细嫩，含脂肪量高；鳔可作鱼肚，为名贵食品。

1. 海鳗在生物分类上的地位。
2. 海鳗的习性如何？

父亲的责任——海马

头部像马，尾巴像猴，眼睛像变色龙，还有一条鼻子，身体像有棱有角的木雕，这就是海马的外形，这种动物因此得名。但有趣的是它却是一种奇特而珍贵的近陆浅海小型鱼类。

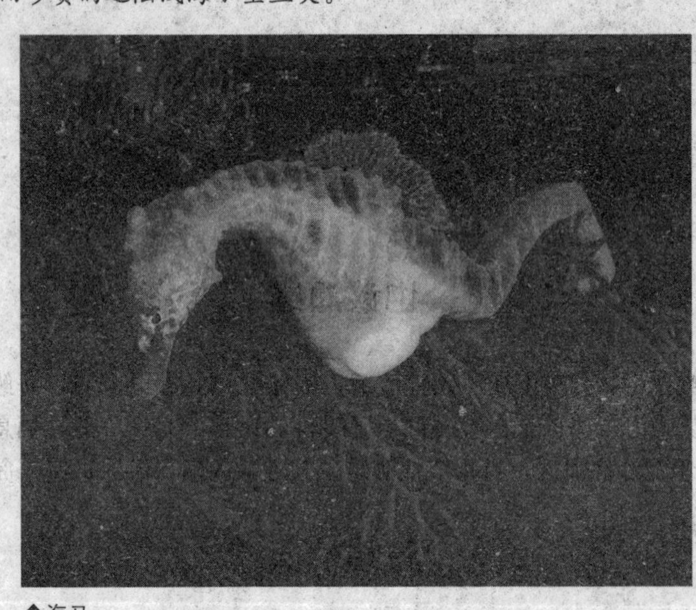

◆海马

海马概述

海马在生物分类上，是鱼纲，海龙目，海马属动物的总称，属于硬骨鱼。

海马分布于我国广东沿海及福建；国外主要分布在日本、朝鲜、印度、新加坡、印度尼西亚、东非和红海等海域。

海马的特点

在自然海域中，海马用它那适宜抓握的尾部紧紧勾勒住珊瑚的枝节、海藻的叶片上，将身体固定，这样才不会被激流冲走，所以海马通常喜欢生活在珊瑚礁的缓流中。因为它们不善于游水，游泳的姿态也很特别，头部向上，体稍斜直立于水中，完全依靠背鳍和胸鳍进行运动，扇形的背鳍起着波动推进的作用。

◆海马

海马的生殖

海马的雌雄鉴别很简单，就是雄鱼有腹囊（俗称：育儿袋），而雌鱼没有腹囊。海马并不是雌雄同体，海马只是雄性孵化。

每年的5～8月是海马的繁殖期，这期间海马妈妈把卵产在海马爸爸腹部的育儿袋中，卵经过50～60天，幼鱼就会从海马爸爸的育儿袋中生出，所以说是海马爸爸负责育儿，而不是真的由爸爸生小孩，爸爸的育儿袋只是起到了孵化器的作用，卵还是来源于妈妈。

◆海马

海马的用途

◆海马

海马是一种经济价值较高的名贵中药，具有强身健体、补肾壮阳、舒筋活络、消炎止痛、镇静安神、止咳平喘等药用功能，特别是对于治疗神经系统的疾病更为有效。海马除了主要用于制造各种合成药品外，还可以直接服用健体治病。

1. 海马在生物分类上的地位。
2. 海马的生殖有何特点？

永不停歇的速度——金枪鱼

金枪鱼类一般背侧暗色，腹侧银白，通常有彩虹色闪光。金枪鱼有大有小，巨大的金枪鱼是蓝鳍金枪鱼（Thunnusthynnus），最大可长到约4.3米，800千克重。金枪鱼体呈纺锤形，具有鱼雷体形，其横断面略呈圆形。强劲的肌肉及新月形尾鳍，鳞退化为小圆鳞，金枪鱼这样的体形，非常适于快速游泳，一般时速为每小时30～50千米，最高速可达每小时160千米，比陆地上跑得最快的动物还要快。

◆金枪鱼

金枪鱼简介

金枪鱼一般是指硬骨鱼纲，辐鳍亚纲，鲈形总目，鲈形目（Perciformes），鲭科（Scombridae），大型远洋性重要商品食用鱼的统称。

金枪鱼在我国台湾东南及南海诸岛的海域内均有分布。

根据科学家研究，金枪鱼是唯一能够长距离快速游泳的大型鱼类，实验显示，金枪鱼每天游程可以达到 230 千米。由于它不停地高速度游泳，因此金枪鱼的旅行范围可以远达数千千米，能作跨洋环游，被称为“没有国界的鱼类”。

万 花 筒

不停歇的鱼

金枪鱼若停止游泳就会窒息，原因是金枪鱼游泳时总是开着口，使水流经过鳃部而吸氧呼吸，所以在一生中它只能不停地持续高速游泳，即使在夜间也不休息，只是减缓了游速，降低了代谢。

金枪鱼的功能

有人把金枪鱼的功效总结为以下十点，现选来以作参考。

链接——金枪鱼的十大功效

随着现代社会的高速发展，物质生活水平的日渐提高，人类对健康的重视程度越来越大。与之同时，金枪鱼作为一种营养、健康的现代食品受到追捧。目前它愈来愈被欧美等发达国家所青睐，现将这种美食的十大功效介绍如下：

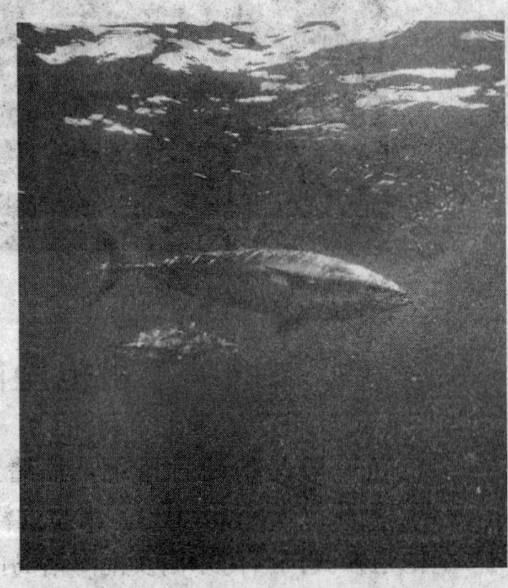

◆金枪鱼

1. 金枪鱼是女性美容、减肥的健康食品

金枪鱼肉低脂肪、低热量，还有优质的蛋白质和其他营养素，食用金枪鱼食品，不但可以保持苗条的身材，而且可以平衡身体所需要的营养，是现代女性轻松减肥的理想选择。

2. 能够保护肝脏，强化肝脏功能

现代人因紧张的生活节奏、巨大的工作压力、过度疲劳造成一系列肝病发病率日渐提高。金枪鱼中含有丰富的DHA、EPA、牛黄酸，能减少血液中的脂肪，利于肝细胞再生。经常食用金枪鱼食品，能够保护肝脏，提高肝脏的排毒功能，降低肝脏发病率。

◆美食——金枪鱼

3. 防止动脉硬化

动脉硬化是中老年人生命的威胁，食用金枪鱼食品可以降低血脂，疏通血管，有效地防止动脉硬化。

4. 有效降低胆固醇含量

金枪鱼中的EPA、蛋白质、牛黄酸均有降低胆固醇的功效，经常食用，能有效减少血液中的恶性胆固醇，增加良性胆固醇，从而预防因胆固醇含量高所引起的疾病。

◆金枪鱼

5. 能够激活脑细胞，促进大脑内部活动

DHA是人类自身无法产生的一种不饱和脂肪酸，它是大脑正常活动所必需的营养素之一。金枪鱼中含有丰富的DHA，经常食用，利于脑细胞的再生，提高记忆力，预防老年痴呆症。

6. 能够有效预防缺铁性贫血

铁是人体内不可缺少的一种元素，金枪鱼的血液中含有丰富的铁分和维生素B_{12}，易被人体吸收。经常食用，能补充铁分，预防贫血，并能作为贫血的辅助治疗食品。

7. 提供人体所必需的氨基酸

金枪鱼蛋白质含有丰富的氨基酸，食用金枪鱼既可以享受美食，同时又可以通过非药物手段补充氨基酸成分，有助于身体健康。

◆金枪鱼

8. 有助于人体的新陈代谢，尤其是成长期儿童食品的理想选择

肌肉、骨骼、皮肤、毛发、血液等人体组织都离不开蛋白质。金枪鱼蛋白质有肉类蛋白质所无法比拟的功效，是儿童自然成长的最佳营养品。

9. 保持人体正常水分标准

经常食用金枪鱼能够清除体内多余的盐分，平衡体内水分含量，保持正常的水分指标。

10. 是绿色蔬菜的最佳伴侣

金枪鱼的食用方法很多，与绿色蔬菜一起食用，味道更佳。

1. 金枪鱼在生物分类上的地位。
2. 为什么说金枪鱼是永不停歇的鱼?

眼睛会搬家——比目鱼

比目鱼分布于热带到寒带水域，海产，肉食性，底栖，静止时一侧伏卧，部分身体经常埋在泥沙中。有些能随环境的颜色而改变体色，因此可以说得上是水中的变色龙。比目鱼的体型各异，大小相差很大。最大的大西洋大比目鱼长达 2 米，重 325 千克，而小型种仅长约 10 厘米。许多种类如大比目鱼和大菱鲆，全是名贵的食用鱼。

◆比目鱼

比目鱼简介

比目鱼在生物分类上属于硬骨鱼纲，辐鳍亚纲，鲽形目。比目鱼得名于两只眼睛长在一边，被认为需两鱼并肩而行。比目鱼是（Pleuronectiformes）卵圆形扁平鱼类的统称，又叫獭目鱼、塔鱼。其中包括有鲆科、鲽科、鳎科的鱼类。

比目鱼特征

比目鱼有两个显著的特征。

双眼同侧

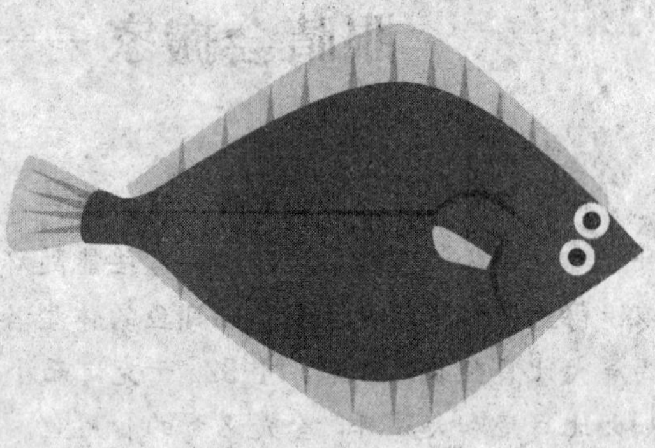
◆比目鱼模式图

比目鱼最显著的特征之一是，两眼完全在头的一侧。

比目鱼的生活习性非常有趣，在水中游动时不像其他鱼类那样脊背向上，而是有眼睛的一侧向上，侧着身子游泳。它常常平卧在海底，在身体上覆盖一层沙子，只露出两只眼睛以等待猎物、躲避捕食。这样一来，两只眼睛在一侧的优势就显示出来了，当然这也是动物进化与自然选择的结果。

你知道吗？

比目鱼的眼睛是怎样凑到一起的呢？鱼类学家告诉我们，比目鱼这种奇异形状并不是与生俱来的。刚孵化出来的小比目鱼的眼睛也是长在两边的，在它长到大约 3 厘米长的时候，眼睛就开始“搬家”，一侧的眼睛向头的上方移动，渐渐地越过头的上缘移到另一侧，直到接近另一只眼睛时才停止。

体色两侧不同

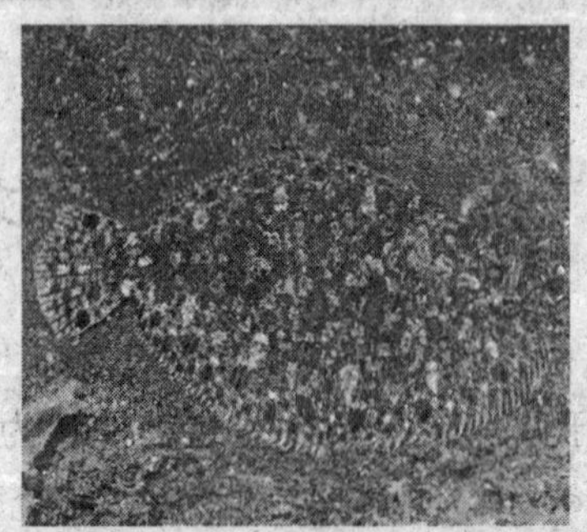
◆善于伪装的比目鱼

另一特征为体色，“有眼的一侧（静止时的上面）有各种颜色，有些种类的颜色甚至会随着环境的变化而变化，但下面无眼的一侧一般均为白色。”

这样有利于伪装，逃避敌害。

轶闻——比目鱼的象征

在我国古代，比目鱼是象征忠贞爱情的奇鱼，古人留下了许多吟颂比目鱼的佳句："凤凰双栖鱼比目"、"得成比目何辞死，愿作鸳鸯不羡仙"等等，清代著名戏剧家李渔曾著有一部描写才子佳人爱情故事的剧本，剧本名就叫《比目鱼》。

◆比目鱼

比目鱼与中国文学

在我国古代，对于比目鱼的诗词描述有很多。现摘录一二。

◆比目鱼

【渔父词】（其二）

作者：薛师石

邻家船上小姑儿。相问如何是别离。双坠髻，一湾眉。爱看红鳞比目鱼。

【减字木兰花】（赠何藻）

作者：石孝友

新荷小小。比目鱼儿翻翠藻。小小新荷。点破清光景趣多。青青半卷。一寸芳心浑未展。待得圆时。罩定鸳鸯一对儿。

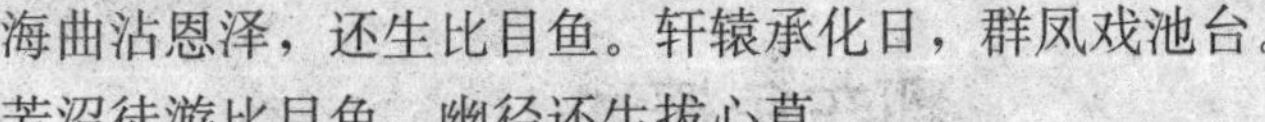

海曲沾恩泽，还生比目鱼。轩辕承化日，群凤戏池台。

芳沼徒游比目鱼，幽径还生拔心草。

【尔雅】

东方有比目鱼焉，不比不行，其名谓之鲽；南方有比翼鸟焉，不比不飞，其名谓之鹣鹣；西方有比肩兽焉，与邛邛岠虚比，为邛邛岠虚，啮甘草，即有难，邛邛岠虚负而走，其名谓之蟨；北方有比肩民焉，迭食而迭望；中有枳首蛇焉。

会游泳的头——翻车鱼

英美地区称翻车鱼为海洋太阳鱼，西班牙称月鱼，德国人称会游泳的头，日本人称曼波。翻车鱼的拉丁名字叫做 molamola，意思是 millstone (重担)。而翻车鱼英文为 Sunfish，可能与它会上浮侧翻，在海上进行日光浴的习性有关，因此又有人叫它“太阳鱼”。翻车鱼因看起来只有头没有身子，也叫头鱼。

◆翻车鱼

翻车鱼概述

在生物分类上，翻车鱼属于硬骨鱼纲，辐鳍亚纲，鲀形目翻车鲀科，是翻车鲀科（Molidae）3 种大洋鱼类的统称。翻车鱼广泛分布于各大洋，但常见于外海表层。

翻车鱼主要是靠背鳍及臀鳍摆动来前进，所以游泳技术不佳且速度缓

慢，很容易被定置渔网捕获。它生活在热带海洋中，身体周围常常附着许多发光动物，它一游动，身上的发光动物便会发出亮光，远看就像一轮明月，故又有“月亮鱼”之美名。翻车鱼这种头重脚轻的体型很适宜潜水，它常常潜到深海捕捉深海鱼虾为食。

◆翻车鱼

翻车鱼形态

翻车鱼外表特殊，体短。最长可达3.3米，重1900千克；呈卵圆形或圆形，林奈将其比喻为磨盘石，英语俗名即由此而得。翻车鱼主要以水母为食，用微小的嘴巴将食物铲起。

名人介绍——林奈

◆林奈

林奈（Linnaeus，Carolos，1707～1778年）是瑞典植物分类学家，他的最大成就是发明了“双名法”，使过去紊乱的植物名称归于统一，对植物分类学研究的进展，起了很大的推动作用。但是，许多人也许忽视了这样一个事实：林奈的“双名法”对动物也同样适用。所有动物的命名，都是采用和植物一样的林奈发明的“双名法”。

在林奈之前，每种动物的名称，由于各国语言文字不同，叫法不一；就是在一个国家里，各地的名称也可能不同，往往造成同物异名或同名异物的混乱现象。林奈的“双

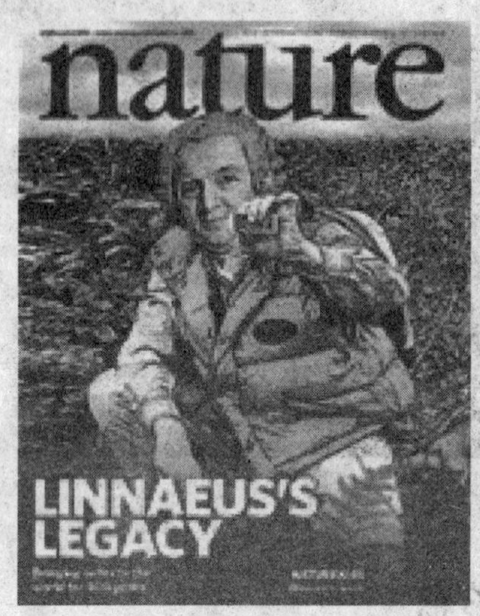

◆2007年林奈诞辰300周年纪念特刊

名法"提出来以后，国际上便统一采用了"双名法"来对动物进行命名，从此，各国学者在动物的鉴别和国际间的学术交流方面就方便多了。现已发现和命名的动物约有120万种，植物约有40万种，如果说林奈的"双名法"为植物分类作出了重大贡献，那么林奈的"双名法"在动物分类上的功绩也同样是不可忽视的，甚至超过前者。

林奈偏爱于植物，曾亲自搜集了大量的植物标本，并为许多植物定名。也许是这个原因，人们只记住了他对植物分类学的贡献。其实，林奈也曾为不少动物定名，不信你去翻翻动物学教科书，如意大利蜂（Apismellifera ligustica）、家犬（Canisfan-liaris ligustica）都是由林奈定名的。

翻车鱼特点

翻车鱼主要因以下特点而闻名：

形态上来看

翻车鱼是世界上最大、形状最奇特的鱼之一。它们的身体又圆又扁，像个大碟子。鱼身和鱼腹上各有一个长而尖的鳍，而尾鳍却几乎不存在，于是使它们看上去好像后面被削去了一块似的。

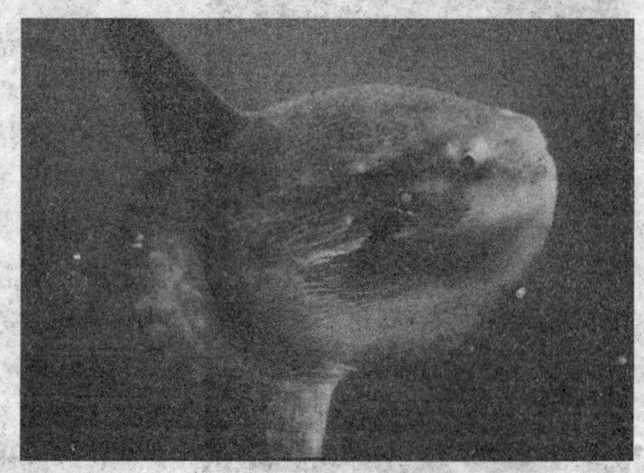
◆翻车鱼

因此鱼长相奇特，故欧洲古代的航海者们流传"煮这种鱼有种把锅子都砸了的冲动”。凡尔纳的小说《海底两万里》中的那个鲸叉手形容说“把它放在锅子里煮，锅都丢脸!”说的就是这种鱼类。

◆翻车鱼与潜水员的亲密接触

翻车鱼缺少真正的尾巴，它只有一个巨大的头，因而它得到了一个德文绰号 Schwimmenderkopf，意为游泳的头。翻车鱼身体的后部几乎难以称其为尾巴，对游动几乎毫无用处，它起的作用很像一个舵。

生长繁殖

作为一种既笨拙又不善游泳的鱼，常常被海洋中其他鱼类、海兽吃掉是很正常的事，然而在漫长的生物进化过程中，它不致于灭绝的原因是其具有强大的生殖力，一条雌鱼一次可产 2500 万～3000 万枚卵，在海洋中堪称是最会生产的鱼类。甚至有人曾发现，有一条雌翻车鱼带有 3 亿枚卵，这可能是世界之最了。

◆翻车鱼的游泳水平很一般

皮厚

翻车鱼拥有令人难以置信的厚皮，19 世纪时，渔民的孩子们会把厚厚的翻车鱼皮用线绳绕成有弹性的球玩，人们发现，它的皮由厚达 15 厘米的稠密骨股纤维构成。

翻车鱼的用处

翻车鱼经济价值较高，鱼皮可熬制明胶，而鱼油可作精密仪器、机械

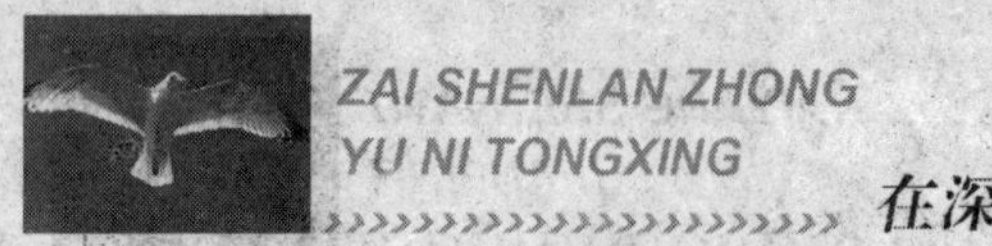

润滑剂的原料。鱼肝可制鱼肝油和食用氢化油等。当然，翻车鱼还有科学研究和观赏以外的价值，同时它也是一种名贵食用鱼类。它骨多肉少剥皮后鱼肉约为体重的1/10，但其肉质鲜美，色白，营养价值高，蛋白质含量比著名的鲳鱼和带鱼还高。翻车鱼的肠子也很昂贵，台湾有道名菜“妙龙汤”就是以此作为主料。食之既脆又香，令人胃口大开。”

1. 请描述翻车鱼的形态。
2. 你能说出翻车鱼的一些重要特征吗？

孤独行者——玳瑁

汉代的著名诗篇《孔雀东南飞》中有云“足下蹑丝履，头上玳瑁光”。下面我们就来看看诗中的玳瑁究竟是指什么。

◆玳瑁

话说玳瑁

◆玳瑁

玳瑁，在生物分类上属于脊椎动物，爬行纲，龟鳖目，海龟科。

在我国，其产地主要分布在黄海、南海、东海沿海一带，在国外，世界上大部分热带、亚热带沿海均有分布。一般长约0.6米，大者可达1.6米。

其背面的角质板覆瓦状排列，表面光滑，具褐色和淡黄色相间的花纹。四肢呈鳍足状。尾短小，通常不露出甲外。

已知其最大的龟壳长近1米，重27千克。通常所见的壳长仅60厘米左右，重9～14千克。背甲共有13块，作覆瓦状排列，所以得名“十三鳞”。

玳瑁的用处

◆宋代吉州窑玳瑁斑碗

玳瑁性情凶暴，以鱼、软体动物、海藻为食。卵可食；角质板可制眼镜框或装饰品；甲片可入药。

玳瑁在工艺上也有很大的价值。玳瑁作饰品的原料取自其背部的鳞甲，系有机物。成年玳瑁的甲壳是鲜艳的黄褐色。此类饰品易蛀，清代晚期以前制作的玳瑁器至今已很难见到。在宝石分类中，玳瑁被列入有机宝石类。其用途广泛，长期以来为人们所喜爱。

玳瑁的保护

正是因为这种动物极其珍贵，价值很高，由于过度捕捞，所以数量已非常少。目前在我国，已经列入国家重点保护野生动物名录的等级，属Ⅱ级极危物种。

我国在广东省建立的惠东港口自然保护区就是以保护玳瑁、绿海龟等海龟为主。据推断该种群的成熟个体数已少于50。

广角镜——获得甲片

要获取龟科动物玳瑁背部的甲片，可在捕捉到后，将玳瑁倒悬，用沸醋泼之，其甲片即能逐片剥下，去掉残肉，洗净即得。

现存最大的龟——棱皮龟

棱皮龟之所以得其名，是因为龟壳柔软而有弹性，不像其他龟类的壳由硬块组成。棱皮龟是一种生活在远洋的动物，主要栖息于热带海域的中上层，偶尔也见于近海和港湾地带。

它们可以持久而迅速地在海洋中游泳，故有“游泳健将”之称，这是由于其四肢巨大，并且变成了桨状。曾经在1970年，我国长江口海域捕获了一只棱皮龟，而它身体上所挂的标记却表明它还曾经在万里之外的英国大西洋海域被捕获过，它的游泳本领之高强，令人咋舌。

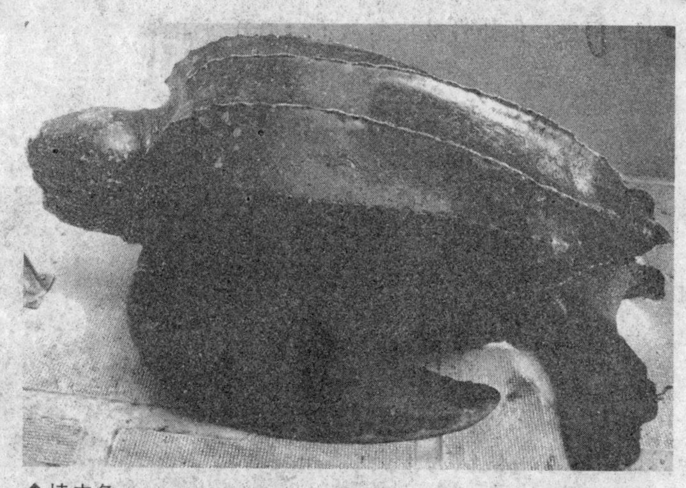

◆棱皮龟

棱皮龟形态特征

棱皮龟，又称革龟，在生物分类上属于脊椎动物，爬行纲，龟鳖目，棱皮龟科。棱皮龟是世界上龟鳖类中体形最大的一种，堪称“巨龟”。它也是龟鳖目中体型最大者，最大体长可达3米，龟壳长2米余；体重可达

◆棱皮龟

800～900千克。

棱皮龟也是最古老的龟类，可见于世界各地的海洋，从北极圈海域到纽西兰周围的大西洋，都可以找到它们的踪迹。棱皮龟以小鱼、甲壳动物、软体动物和海藻为食。

棱皮龟的视力很差。因此，它们常常把海面漂浮的塑料袋或者其他垃圾当作水母吃了，造成肠道阻塞，结果使大量的棱皮龟死于人类制造的白色垃圾。这也是其数量减少的原因之一。雌性棱皮龟每3至4年，就会上岸产卵1次，在交配季节中，雌性棱皮龟最多可以产下10窝蛋，但雄性棱皮龟从不会离开海洋。

棱皮龟生存现状

据美国杜克大学研究小组发表的海龟调查报告表明，这种海龟有可能在今后10～20年内灭绝。

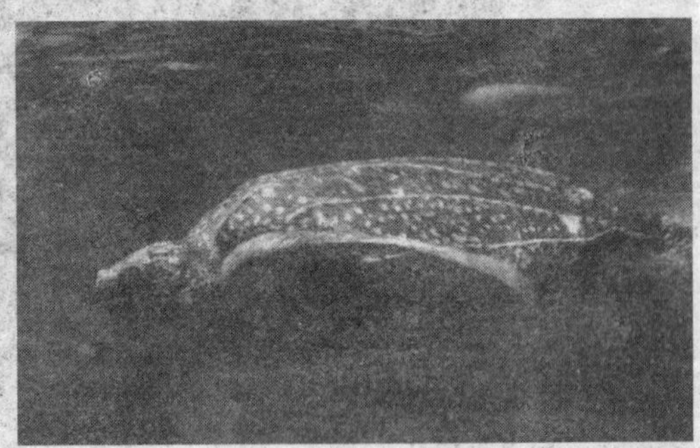
◆游行中的棱皮龟

棱皮龟数量锐减的一个重要原因是，由于人们在海洋中丢弃废塑料袋使棱皮龟误认为是水母而误食，造成肠道阻塞而死亡；加上过度捕捉，所以数量日益减少。

同时，由于过去20年里，厄尔尼诺现象造成海洋水温变化、渔民非法捕捞、海洋污染及当地旅游开发，棱皮龟数量锐减约95%。照此发展，棱皮龟很有可能在10年内灭绝。据估算，全世界雌性棱皮龟数量从1980年约11.5万只降至现在不到4.3万只。我们国家目前已经把其列入国家重点

保护等级：二级，中国濒危动物红皮书等级：极危。

轶闻——棱皮龟在哭泣

哥斯达黎加的普拉亚格兰德海滩是棱皮龟在东太平洋第一大、世界第四大产卵地。20 世纪 90 年代前，每到产卵季节（每年 10 月至次年 3 月）都有 250 只至 1000 只棱皮龟上岸筑窝产卵。但在 2006～2007 年产卵季，只有 58 只棱皮龟在这里产卵。

早在 20 世纪 60 年代，曾有 1 万只棱皮龟在马来半岛东海岸的兰塔阿邦地区栖息产蛋。至此，这里也成为全球最大的棱皮龟繁殖地。而据马来西亚渔业部门称，去年只有 3 只棱皮龟来到这里，并且没有一只产蛋。

知识窗

厄尔尼诺现象

厄尔尼诺是太平洋赤道带大范围内海洋和大气相互作用后失去平衡而产生的一种气候现象。会迅速导致全球气候的明显异常，它是气候变异的最强信号，会导致全球许多地区出现严重的干旱和水灾等自然灾害。

棱皮龟价值

棱皮龟具有重要的医学价值，这也导致它作为医药原料而被捕捞。我国中医传统理论认为棱皮龟龟板、掌、胶有滋阴潜阳、柔肝补肾、清火明目的功效。其肉、血、胆能治气管炎、哮喘。

1. 请说出棱皮龟在分类学上的地位。
2. 你认为棱皮龟濒危的原因有哪些？人们应该怎么来保护它们？

别犹豫，离开它们——海蛇

现代海蛇的个体都不很大，这是它们对于海洋生活环境的不同程度的适应性体现。在蛇类演化的早期阶段，地球上曾出现过巨大的海蛇，这些大海蛇只存在很短的时间就灭绝了，仅留下为数不多的化石，作为它们旧日曾活在世上的见证。

◆海蛇

海蛇简介

海蛇在生物分类上属于脊椎动物，爬行纲，蛇目，海蛇科。西起波斯湾东至日本，南达澳大利亚的暖水性海洋都有分布。

其身体扁平，尾呈桨状，适於水生生活。

海蛇其毒

海蛇科（Hydrophiidae）50余种蛇全为终生生活在海洋中的前沟牙类

毒蛇。海蛇的毒液属于细胞毒素，是最强的动物毒。钩嘴海蛇毒液相当于眼镜蛇毒液毒性的两倍，是氰化钠毒性的 80 倍。海蛇毒液的成分是类似眼镜蛇毒的神经毒。

实际上海蛇毒被人体吸收非常快，中毒后最先感到的是肌肉无力、酸痛，眼睑下垂，颌部强直，有点像破伤风的症状，同时心脏和肾脏也会受到严重损伤。被咬伤的人，可能在几小时至几天内死亡。多数海蛇是在受到骚扰时才伤人的。

然而海蛇对于人类，危险不是它毒液的毒性强弱，而是其毒性的隐蔽性，因为海蛇咬人无疼痛感，其毒性发作又有一段潜伏期，被海蛇咬伤后 30 分钟甚至 3 小时内都没有明显中毒症状，所以常使人麻痹大意而错过救治时间。

海蛇其用

和陆生蛇一样，海蛇也有较高的经济价值，它的皮可用来做乐器和手工艺品；蛇肉和蛇蛋可食，味道很鲜美；某些内脏可入药。

◆长吻海蛇

据现代药理学家研究，海蛇的蛇毒可制成治癌药物“蛇毒血清”。还可以用于治毒蛇咬伤、坐骨神经痛、风湿等症，并可提取 10 多种活性酶；蛇血治雀斑也十分见效。

蛇油可制软膏、涂料；蛇胆浸药酒，有补身和治风湿之功效。总之，海蛇全身皆是宝。它的肉、胆、油、皮、血、毒等均可入药。

海蛇肉质柔嫩，味道鲜美，营养丰富，是一种滋补强身食物，常用于病后、产后体虚等症，也是老年人的滋养佳品。它具有促进血液循环和增强新陈代谢的作用。

海蛇的食法很多，海蛇肉可清蒸、红烧、煲汤。其中海蛇炖火鸡是有名的“龙凤汤”。海蛇肉煲粥是清凉解毒之美食佳肴。海蛇汤鲜甜可口。海蛇酒可作为驱风活血、止痛良药。

海蛇毒含有多种生物酶类，有极高的生物活性，可以分离提纯多种酶类，用于医药、科研和生物工程方面，已引起各国高度重视。国际市场长期供不应求，仅菲律宾有少量出口。美国的西格玛蛇毒公司经营的青环海蛇毒每克售价 7800 多美元，比黄金贵成百上千倍，可见其贵重程度。

◆扁尾海蛇　　◆巨环海蛇

进化与特征

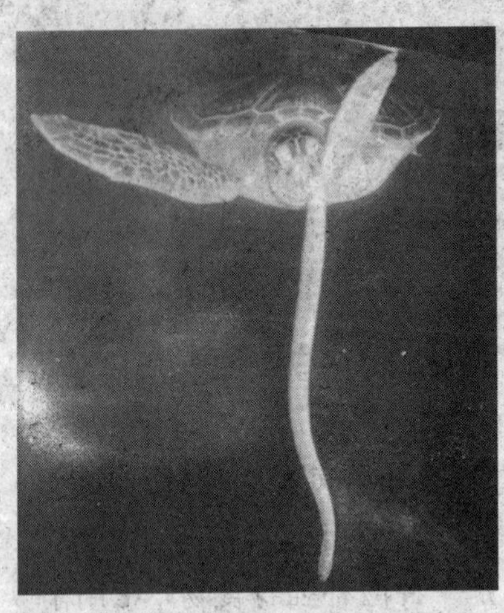

◆海蛇也有天敌

现存的海蛇约有 50 种，它们与陆生蛇中眼镜蛇亲缘关系最为密切。这些海蛇之所以能在海中大量活下来，是因为它们都有像船桨一样的扁平尾巴，很善于游泳；二是因为它们都有毒牙，能杀死捕获物和威慑敌人。

尽管如此，生物都有各自的天敌，从而才能保证物种的进化，海蛇也是如此。海蛇的天敌是海鹰和其他肉食的海鸟。它们一看见海蛇在海面上游动，就疾速从空中俯冲下来，衔起一条就远走高飞，尽管海蛇凶狠，可它一旦离开了水就没有进攻能力，而且几乎完全不能自卫了。另外，有些鲨鱼也以海蛇为食。

“有羽毛的鱼”——企鹅

1488年，葡萄牙的水手们在靠近非洲南部的好望角第一次发现了企鹅。但是最早记载企鹅的却是历史学家皮加菲塔。他在1520年乘坐麦哲伦船队的船在巴塔哥尼亚海岸遇到大群企鹅，当时他们称之为不认识的鹅。

因为企鹅身体肥胖，它们经常在岸边直立远眺，好像在企望着什么，因此人们便把这种肥胖的鸟叫做企鹅。1620年法国的Beaulier船长在非洲南端首度惊见会潜游捕食的企鹅时，称其为“有羽毛的鱼”。

◆企鹅

企鹅漫谈

在生物分类上，企鹅是鸟纲、企鹅目（Sphenisciformes）、企鹅科所有种类的通称。

世界上总共有18种企鹅，其中帝企鹅和王企鹅，是最大型也是最漂亮

◆潇洒一跃

的企鹅。它们全分布在南半球；南极与亚南极地区约有 8 种，其中在南极大陆海岸繁殖的有 2 种，其他则在南极大陆海岸与亚南极之间的岛屿。企鹅常以极大数目的族群出现，占有南极地区 85％的海鸟数量。

特征与环境

◆它们在期待什么吧

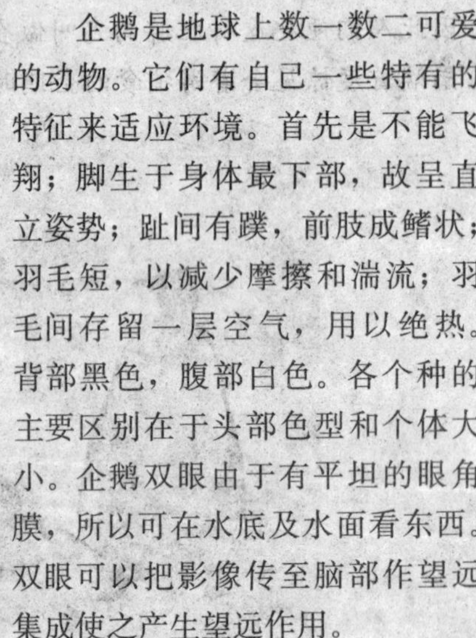

企鹅是地球上数一数二可爱的动物。它们有自己一些特有的特征来适应环境。首先是不能飞翔；脚生于身体最下部，故呈直立姿势；趾间有蹼，前肢成鳍状；羽毛短，以减少摩擦和湍流；羽毛间存留一层空气，用以绝热。背部黑色，腹部白色。各个种的主要区别在于头部色型和个体大小。企鹅双眼由于有平坦的眼角膜，所以可在水底及水面看东西。双眼可以把影像传至脑部作望远集成使之产生望远作用。

◆潜游中的帝企鹅

企鹅是一种最古老的游禽，它很可能是在南极洲还未穿上冰甲之前就已经在南极安家落户。南极虽然酷寒难当，但企鹅经过数千万年暴风雪的磨炼，全身的羽毛已变成重叠、密接的鳞片状。这种特殊的羽衣，不但海水难以浸透，就是气温在零下近 100℃，也休想攻破它保温的防线。南极陆地多，海面宽，丰富的海洋浮游生物成了企鹅充沛的食物来源。

企鹅是一种鸟类，因此企鹅没有牙齿。企鹅的舌头以及上颚有倒刺以适应吞食鱼虾等食物，但这并不是牙齿。

广角镜——企鹅的本事

企鹅游泳的速度十分惊人，成体企鹅的游泳时速为 20～30 千米，比万吨巨轮的速度还要快，甚至可以超过速度最快的捕鲸船。企鹅跳水的本领可与世界跳水冠军相媲美，它能跳出水面 2 米多高，并能从冰山或冰上腾空而起，跃入水中，潜入水底。因此，企鹅称得上游泳健将、跳水和潜水能手。

◆潜游的瞬间

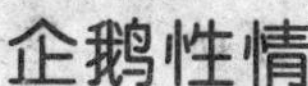

企鹅性情

企鹅的性情憨厚、大方，十分逗人喜爱。尽管企鹅的外表道貌岸然，显得有点高傲，甚至盛气凌人，但是，当人们靠近它们时，它们并不望人而逃，有时好像若无其事，有时好像羞羞答答，不知所措，有时又东张西望，交头接耳，唧唧喳喳。那种憨厚并带有几分傻劲的神态，真是惹人发笑，也许，它们很少见到人，是一种好奇的心理使然吧。

◆瞧这三个道貌岸然的家伙

企鹅会飞吗

◆我欲高飞

企鹅是一群不会飞的鸟类，那么它的祖先到底会不会飞呢？

1887年，孟兹比尔提出过一个理论，认为企鹅有可能是独立于其他鸟类，单独从爬行类演变进化而来的。企鹅的鳍翅不是鸟类的翅膀变异形成的，而是由爬行类的前肢直接进化形成的，企鹅根本没有经历过飞翔阶段。

后来，科学家们在南极发现了一种类似企鹅的动物化石，它高约1米、体重有9千克，具有两栖动物的特征。这个发现似乎印证了孟兹比尔的猜测。

1981年，日本也发现了一种类似企鹅的海鸟化石。专家认为，这是一种距今3000万年、不会飞的原始企鹅的化石，或许它就是现代企鹅的史前祖先。近年，鸟类学家在研究了北半球的海鸦化石的构造之后提出，距今3000万年前美洲沿岸生活的一种海鸦可能与企鹅的起源关系密切。这种已灭绝了的海鸦也是一种不会飞行的海鸟。科学家们认为，尽管企鹅与海鸦，一个生活在南半球，一个生活在北半球，但它们骨骼形体却有许多相似之处，不会非亲非故吧？从以上证据来看，企鹅的祖先就是一种不能飞翔的动物。但是，有些动物学家对此持不同看法。他们依据多年积累的研究资料，断言企鹅的祖先应该是会飞行的。因为从现代企鹅的身体结构上依然能找到它们会飞翔的远祖遗留给后代的烙印。

轶闻——企鹅趣闻

2008年8月15日，一只名为尼尔斯的企鹅在爱丁堡动物园“检阅”了挪威

◆"检阅"皇家卫队

皇家卫队。这只企鹅是尼尔斯企鹅家族的成员，一直承袭着挪威军队授予的军衔，如今又被授予"爵士"封号。

这只"企鹅爵士"全名为尼尔斯·奥拉夫，它成为挪威历史上第一个"带翅膀"的爵士。这位黑白相间的爵士大摇大摆地检阅了皇家卫队，显得神气十足。

企鹅的未解之谜

为什么北极只有北极熊没有企鹅，而南极却只有企鹅没有北极熊呢?

北极有北极熊，南极有企鹅，但这样一个看似简单的问题却难倒了许多科学家，那就是，虽然北极和南极的气候和环境极为相似，但为什么北极只有北极熊没有企鹅，而南极却只有企鹅没有北极熊呢?一些科学家根据板块漂移理论推论，认为北极熊和企鹅原本生活在同一大陆，后来由于板块漂移，它们分属不同板块，越漂越远，直到现在一个在北极，一个在南极，遥遥相望。这种解释因为缺乏证据而不足以服众，而这个悬念一旦揭开，对生物演变、地球演变都将有不一般的意义。

1. 请说出企鹅在分类学上的地位。
2. 企鹅有哪些特点适应于极地的环境?
3. 企鹅会飞吗?

滑翔冠军——信天翁

过去，迷信的水手将信天翁视为是不幸葬身大海的同伴亡灵再现，因此深信杀死一只信天翁必会招来横祸。塞缪尔·泰勒·柯勒律治的著名诗篇《古代水手的诗韵》正是叙述了在一只信天翁被枪杀后灾难是如何降临到一艘船上的。

◆信天翁长距离的助跑

信天翁简介

信天翁是脊索动物门、鸟纲、鹱形目（信天翁目）的统称。

信天翁（Albatrosses）有最长的鸟翼，它们是滑翔冠军，信天翁以毫不费力的飞翔而著称于世，它们能够跟随船只滑翔数小时而几乎不拍一下翅膀。信天翁是出了名的食腐动物，喜食从船上扔下的废弃物。

信天翁求偶及生殖

信天翁求爱时，嘴里不停地唱着“咕咕”的歌声，同时非常有绅士风

度地向“心上人”不停地弯腰鞠躬。尤其喜欢把喙伸向空中，以便向它们的爱侣展示其优美的曲线。

◆起飞瞬间

信天翁寿命相当长，平均可存活 30 年。但它们繁殖较晚。虽然 3～4 岁时生理上就具备了繁殖能力，但实际上它们在之后的数年里并不开始繁殖，有些甚至直到 15 岁才进行繁殖。当一对配偶关系确立下来后，通常就会一直生活在一起，直到一方死亡。

常见几种信天翁

短尾信天翁

它们属于国家Ⅰ级濒危保护动物，列入保护的原因主要有以下几点。

◆短尾信天翁

1. 人类为获取其羽毛而过度猎捕。

2. 人类用来捕捉鱼类的钓鱼线，加起来长达 130 多千米，上面有成千上万安放诱饵的钩子，短尾信天翁在追捕鱼类时，常误被钩子勾住而被淹死。3. 海洋污染，影响了其栖息地，食物减少。

漂泊信天翁

◆漂泊信天翁

漂泊信天翁（WanderingAlbatross）翼展达 3.5 米，生活在南大洋，平均寿命 22.8 年，一生有十分之九的时间生活在海上。信天翁多生活在南半球。在南纬 40 度的地带，每月有 27 天是猛烈西风掀起巨浪的日子，这里是信天翁的理想天堂。它常利用西风从西向东作长距离的飞行，10 个月飞行 1.5 万千米。

另处还有黑脚信天翁等。

1. 请说出信天翁在分类学上的地位。
2. 请举例说出几种信天翁。

性格温和的世界之最
——蓝鲸

打个比方来说明蓝鲸之大。蓝鲸的头非常大，舌头上能站50个人。它的心脏和小汽车一样大。婴儿可以爬过它的动脉，刚生下的蓝鲸幼崽比一头成年象还要重。在其生命的头七个月里，幼鲸每天要喝400升母乳。幼鲸的生长速度很快，体重每24小时增加90千克。

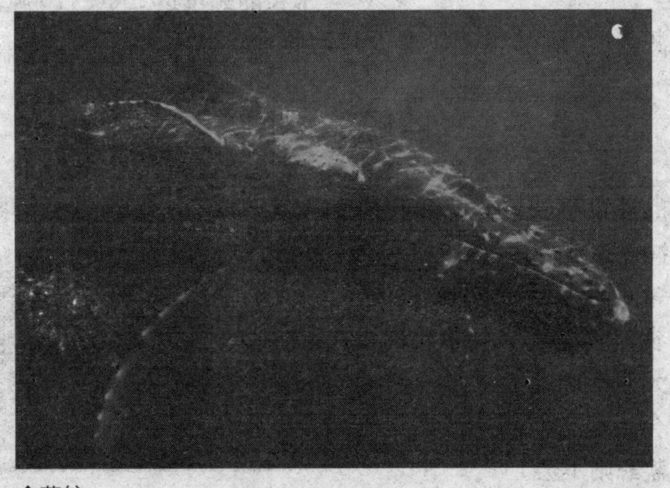

◆蓝鲸

蓝鲸简介

在生物分类上，蓝鲸属于脊索动物门、脊椎动物亚门、哺乳纲、鲸目、须鲸亚目、鳁鲸科。

蓝鲸是世界上现存最大与最重的动物，因此它当然也就是须鲸中最大的一种，最长者是曾于南极海域捕获的一头雌鲸，长33.58米，体重170吨。

蓝鲸到底可以有多重

◆蓝鲸戏水

由于蓝鲸巨大的体积，我们无法直接称它的体重。我们当然也不能用曹冲称象的方法，因为没那么大的船，因此大部分被捕杀的蓝鲸都不是整头称的，捕鲸人在称重之前将其切成合适的大小。因为血液和其他体液流失，这种方式低估了蓝鲸的体重。即使这样，有记载 27 米长的鲸重达 150～170 吨。目前科学家精确测量过的最大的蓝鲸重达 177 吨。

蓝鲸的速度

蓝鲸的速度很快，蓝鲸和其他鲸交互时冲刺速度可达每小时 50 千米，但通常的游速为每小时 20 千米。当进食时，速度降到每小时 5 千米。北大西洋和北太平洋的蓝鲸当下潜时会抬起它们的尾鳍，其他的大部分蓝鲸则不会。

◆出水的瞬间

蓝鲸食性

蓝鲸以浮游生物为食，主食磷虾。一头蓝鲸每天消耗 2～4 吨食物。

蓝鲸生殖

和一般生物一样，蓝鲸也是雌大于雄，另外是南蓝鲸大于北蓝鲸。

蓝鲸作为哺乳动物，和人一样，是胎生。母鲸怀胎一年后才生小鲸。刚产下的幼鲸体长就有7.5米左右，重约6吨，经过24小时的喂奶，它的体重就能增加100千克左右，平均每分钟增加约75克。幼鲸经过7个月的哺乳后，体重可达到23吨左右，体长约16米，并开始学着张嘴吞食各种浮游生物。小蓝鲸要5岁才算成年。科学家估计蓝鲸的寿命至少到80岁。

◆漂亮的水帘

◆蓝鲸喷水

链接——蓝鲸的联系方式

蓝鲸是世界上最大声的动物。那么蓝鲸之间是怎么联系的呢？有科学家认为这和蓝鲸的发声有关。

◆搁浅的蓝鲸

关于蓝鲸发声的意义，有些科学家提出了下面几个方面：

1. 保持个体间的距离；
2. 同类和个体识别；
3. 环境信息传递（例如觅食，警告，求偶）；
4. 保持群体联系（例如雌性和雄性间的交流）；
5. 地貌特征定位；
6. 食物定位。

蓝鲸保护

由于人类的捕杀和海洋环境的污染，1960年，国际捕鲸委员会开始禁止捕杀蓝鲸，此时已有350000头蓝鲸被杀，全世界的种群数量已经减少到不到100年前的1%。目前，世界上只生存着不到50头的蓝鲸！

人类在海洋中的活动越来越频繁，不可避免地造成与海洋生物的冲突。

轶闻——蓝鲸相撞事件

◆相撞事件

据英国《每日邮报》报道，2009年6月，美国俄勒冈州州立大学的研究人员在圣巴巴拉海峡发现了一头浮在海面上的巨型蓝鲸，并确信该蓝鲸是与航道上的某艘船只相撞后身亡的。

据报道，该大学的海洋哺乳动物研究所的工作人员在乘坐小型研究船"太平洋风暴"号出海考察时，发现了这惊人的一幕。蓝鲸的肚子朝天漂浮在水面上，这是有史以来地球上最大的动物被路过的船只撞死事件。

研究人员认为，鲸可能受到从洛杉矶开出的货船猛烈撞击后死亡，当时圣巴巴拉海峡航道非常繁忙，船来船往。该大学的工作人员尚未就此发表评论，这些拍摄图片首次出现在《国家地理杂志》网站上。

"太平洋风暴"号长约25米（84英尺），研究人员通过现场对比目测，该鲸的长度大约是22米。画面惊人，看起来令人难以置信。

1. 请说出蓝鲸在分类学上的地位。
2. 蓝鲸是如何相互联系的？

潜水冠军——抹香鲸

抹香鲸是世界上最大的齿鲸。号称为动物王国中的“潜水冠军”，这是由于它们在所有鲸类中潜得最深、最久。抹香鲸这种头重脚轻的体型极适宜潜水，加上它嗜吃巨大的头足类动物，它们大部分栖于深海，抹香鲸常因追猎巨乌贼而“屏气潜水”长达1.5小时，可潜到2200米的深海，称得上是哺乳动物潜水冠军。

◆抹香鲸

抹香鲸简介

在生物分类上，抹香鲸属于脊索动物门、脊椎动物亚门、哺乳纲、鲸目、齿鲸亚目、抹香鲸科。

抹香鲸分布于全世界各大海洋中，大多数生活在赤道附近的温暖海区，极少数到达北极圈内。在中国见于黄海、东海、南海和台湾海域。

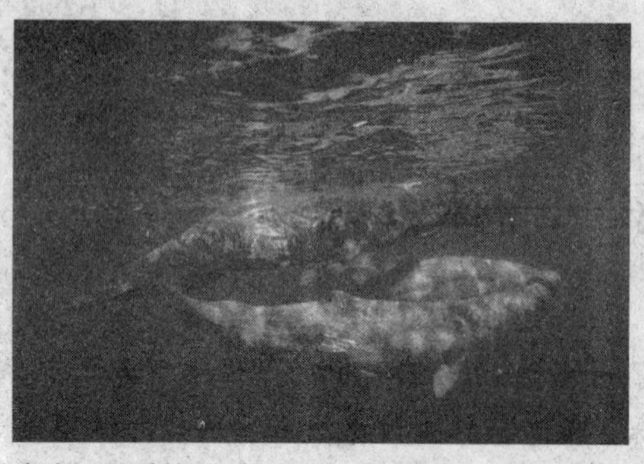
◆水下抹香鲸

抹香鲸是齿鲸中最大的一种，头极大，前端钝，所以又称为巨头鲸，也名真甲鲸，体长18～25米，体重20～25吨。身体粗短，行动缓慢笨拙，容易被捕杀。现存量由原来的85万头下降到43万头。因其肠道内分泌物是极名贵的香料"龙涎香"，所以经常遭捕杀，现数量稀少，被列入《濒危野生动植物种国际贸易公约》。

抹香鲸的战斗

抹香鲸常与无脊椎动物之最的大王乌贼展开一场刀光剑影的相互残杀，大王乌贼最大者达18米，重30吨。有人曾在热带海洋看到抹香鲸与巨乌贼搏斗的激烈场面，它们从深海一直打到浅海，不是抹香鲸吃掉大王乌贼，就是大王乌贼用触腕把鲸的喷水孔盖住使巨鲸窒息而死，那样，抹香鲸反倒成为大王乌贼的"美餐"了。不过，大多还是抹香鲸胜。关于大王乌贼与抹香鲸之间的战斗，我国古籍《广异记》亦有记载，不过却是另外一种形式。

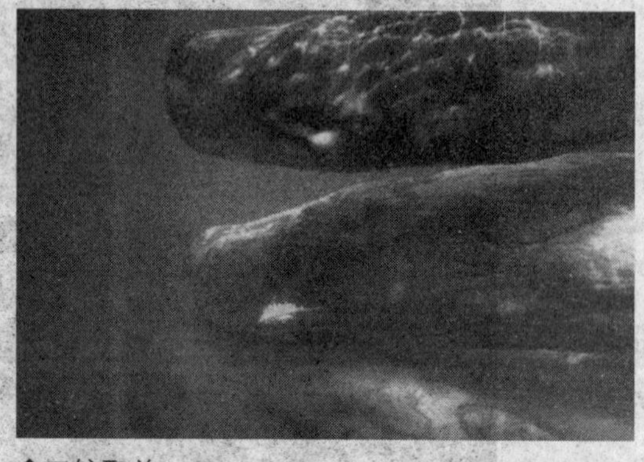
◆三鲸聚首

轶闻——抹香鲸大战大王乌贼

我国古籍《广异记》记载："开元末，雷州有雷公与鲸斗，身出水上，雷公数十，在空中上下，或纵火、或电击，七日方罢。海边居民往看，不知二者何胜，但见海水正赤。”据估计，这里所描述的正是抹香鲸与大乌贼搏斗的一个激烈场面，不过文中显然过于夸大其词。抹香鲸最喜食大王乌贼，而这种乌贼身体巨大，目前已发现的最大个体有 18 米长。据报道，大洋深处也有 30～40 米长的乌贼。抹香鲸要吞食如此巨大的庞然大物恐怕不会轻而易举，需要经过艰苦搏斗，但至多一两个小时，乌贼便葬身抹香鲸之腹了。除此之外，抹香鲸也食鱿鱼和各种小型鱼类，胃容量可达 300 公斤以上，吞食量相当惊人。

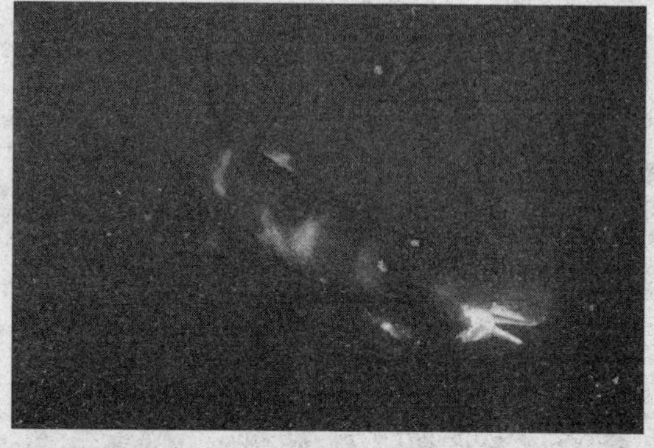

◆抹香鲸捕食鱿鱼

龙涎香

◆龙涎香

抹香鲸有一种最珍贵的海产品——“龙涎香”，它的来源是，抹香鲸的大肠末端或直肠始端由于受到刺激，引起病变而产生一种灰色或微黑色的分泌物，这些分泌物逐渐在小肠里形成一种粘稠的深色物质，呈块状，一般重 100～1000 克，这种物质即为“龙涎香”。它储存在结肠和直肠内，刚取出时臭味难闻，存放一段时间逐渐发香，胜“麝香”。龙涎香内含 25%的龙涎素，是珍贵香料的原料，是使香水保持芬芳的最好物质，用于香水固定剂。同时也是名贵的中药，有化痰、散结、利气、活血之功效。若偶尔得到重达 50～100 千克的，便会价值连城，抹香鲸便由此而得名。

1. 请说出抹香鲸在分类学上的地位。
2. 龙涎香是从哪儿提取来的?

人类最大的粮仓

——丰富的海洋生物资源

海洋中蕴藏的经济动物和植物，是有生命、能自行增殖和不断更新的海洋资源。

富饶的海洋是生命起源的摇篮，地球上许多生物就是从海洋中发展起来的，至今仍有80%的动、植物生活在海洋中。在动、植物界的63个纲中，海洋中竟有51个纲。海洋生物约有20多万种，按其性质不同分为海洋植物、海洋动物和海洋微生物。依其生物习惯又分为浮游生物、游泳动物和底栖生物。海洋生物资源的种类尽管很多，但构成海洋生物的主体仍是鱼类，当然还应该包括经济无脊椎动物、海藻等，除上述几大类资源外，我国沿海和近海还有许多其他资源。

看我七十二变——海洋食品

研究表明，世界上动物蛋白的最大资源库是来自于全球海洋总的渔获量，而目前海洋的动物蛋白占人类所需动物蛋白的20%左右。然而，这些水产品的加工率（折合原料计），发达国家为70%，我国仅为30%，尚有极大的利用空间。因此海洋生物技术的运用，必将提高渔获物的加工率，提高水产品的利用率。

◆烤鱿鱼丝

海洋食品功效

海洋生物越来越多地成为人类保健食品、海洋药物的重要来源，因为它们具有独特的营养价值，含有多种生物活性物质。

海洋生物含有独特的脂肪酸和特殊的生物活性物质。随着生命科学的发展，人们发现在许多生物资源中含有对生物体和人体具有重要的

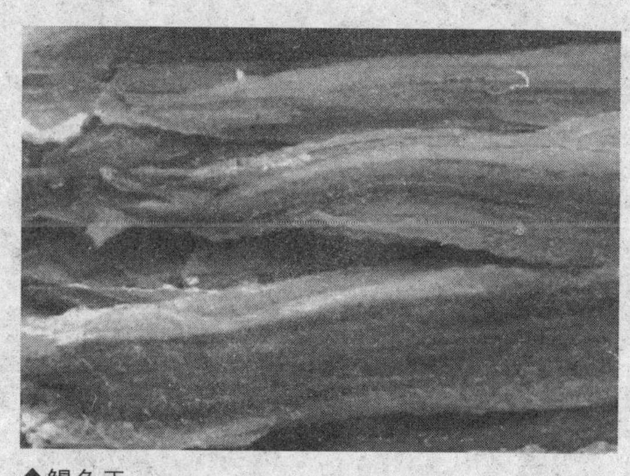

◆鳗鱼干

调控生理功能作用的有效成分，甚至其中不少对维系生态环境和生命的最佳状态具有重要意义。

海洋食品种类

海洋食品种类繁多，比如说，深海鱼类、海贝类、深海虾类、海菜类。其烹饪方式也多样，海洋生物为人类提供了丰富的蛋白质来源。

1. 海洋食品的功效。
2. 你能说出几种常见的海洋食品吗?

紧随健康的脚步
——海洋药物的开发

与陆地共同承载着全球人口重负的海洋占地球表面积的70.8%。她是生命之源，人类物质资源的天然宝库，较低等的海洋生物物种约有20多万种。海生植物也有2.5万余种，为陆地上的5～10倍；海洋动物种数约为陆地动物种数的60%；海洋微生物品种众多，前些时候有美国科学家发现一些地方，每0.09平方米的海泥上能找到十多种尚未能认识的新生物。海水中溶存的元素近80种，约有17种是陆地上稀缺的。因此，海洋是我们药物开发的极佳资源。

◆海洋

海洋药物发展现状

现代海洋药物

我国是应用海洋湖沼药物最早的国家之一，我国目前确定的沿海药用

◆中华人民共和国药典

生物达1000余种。而我国现代海洋药物研究，可以说是从1978年3月全国科技大会上关美君研究员“向海洋要药”的提案被国家科委、卫生部采纳后开始的。

目前我国正式批准生产的中成药发展到不少于40个剂型，品种数量更多，其中海洋药物参加组方的不少于700味，湖沼药物超过1000味。因此在我国，海洋药物已形成了一门独立的新兴学科，为海洋经济发展鼎盛时期的到来打下了坚实的基础。

传统海洋药物

现代海洋药物发展喜人，而传统海洋药物中，如今有些种类今天仍生机勃勃，各版药典均有收载，《中华人民共和国药典》收载了海藻、瓦楞子、石决明、牡蛎、昆布、海马、海龙、海螵蛸等10余个品种。其他主要还有玳瑁、海狗肾、海浮石、鱼脑石，紫贝齿及蛤壳等。

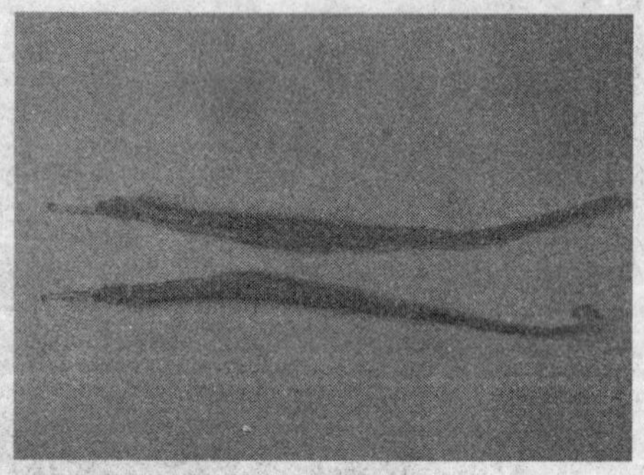
◆海龙

扩大药物来源

加快和扩大药物的来源成为重中之重。

50年来，我国海产养殖发展较快，许多种海洋药用生物养殖成功，有的已实现了大面积的人工生产和工业化生产，改变了完全依附于自然的被动、落后状态，比如说海马。所以说海洋药用资源的养殖是扩大药物来源的重要途径。

海带为药食兼用的资源，由于生产技术十分成熟，养殖非常普遍，目前产量居世界首位。其他已实现人工养殖的海洋药用生物有牡蛎、海参、

珍珠、海胆、鲎、紫菜、裙带菜、江篱、石花菜、记麒麟菜和巨藻等。

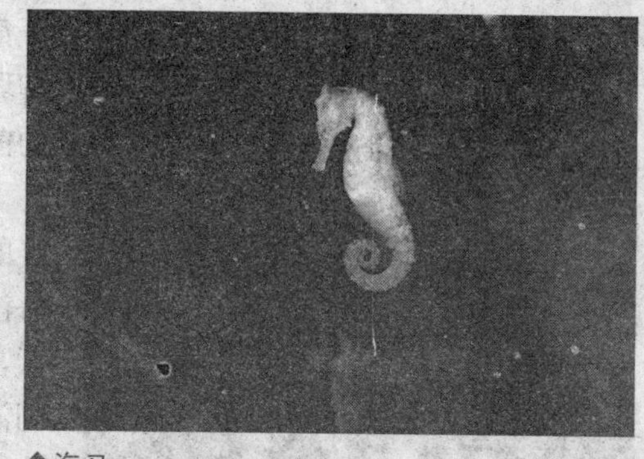

◆海马

海洋药物研究特点

近几十年来，海洋药物研究一个突出的特点是致力于新药和新产品的开发。目前我国研制开发并投入生产的许多海洋新药已取得了很好的经济效益和社会效益。

万花筒

海马养殖

海马由于其药用价值很高，所以需求量很大，人们过去一向靠捕捞，药用难以保障，屡屡出现货源吃紧的情况。经过多年研究，掌握了海马的繁育技术，目前我国广东、山东、浙江等地已先后建立起海马人工饲养场，已经能够提供一定的货源。

海洋药物功效

海洋药物中含有许多活性物质，我国研究报道的就有数十种。例如，从刺参体壁分离得到的刺参甙和酸性粘多糖等。我国产的具有抗肿瘤作用的海藻类主要有石莼、肠浒苔、鹿角菜、海黍子、萱藻、海萝、叉枝藻及刺松藻等；海贝类及棘皮动物中亦含多种抗癌物质。

◆柳珊瑚

用于医治心血管疾病的活性物质有蛤素、鲨鱼油、海藻多糖等；浒苔属的一些种及北极礁膜、酸藻、鼠尾藻、钝顶凹藻

◆海带

等都有此作用；抗癌活性物质有从柳珊瑚及海藻等生物中发现并获得的前列腺素及其衍生物。

随着人们生活水平的提高和节奏的加快，健康问题显得犹为重要。海洋保健食品的开发近年来十分活跃，仅海藻类食品就有30多种。我国沿海民间历来有自制茶饮和冻粉、冻胶等食品的传统，用以清热解暑、消食、解毒和消除疲劳等。

研究应用方向

抗心血管疾病的药物

到现在为止，已研究出多种可供预防和治疗心血管疾病的药物，如萜类、多糖类等均具有抑制血栓形成和扩张血管的作用。而研究发现另外有50多种海洋生物毒素不仅具有强心作用，而且还有很强的降压作用，其中，对河豚毒素的抗心律失常作用研究较多。

◆刺参

此外，尚有多种不饱和脂肪酸、肽类和核苷类等物质，而螺旋藻类对高血脂和动脉粥样硬化有较好的预防和辅助治疗作用。

抗菌、抗病毒

与海洋动植物共生的微生物是一种丰富的抗菌资源，日本学者发现约

27%的海洋微生物具有抗菌活性。目前从海洋生物中已分离得到脂肪酸类、丙烯酸类、苯酚类、吲哚类等具有抗菌活性的化合物，国内已开发了系列头孢菌素等海洋抗菌药物。

◆贻贝

另外已分离得到萜类、核苷类、生物碱类、多糖类、杂环类等具有抗病毒活性的化合物，国内市场上已有一些产品上市。

免疫调节

海洋有具免疫调节剂的天然产物。例如具有免疫调节活性的角叉藻聚糖，是来自大型海藻的硫酸化多糖的一大类成分，被广泛用于肾移植的免疫抑制剂和细胞应答的修饰剂。

抗肿瘤药物

癌症一直以来是人类最为头痛的疾病之一。研究抗癌药物有很重大的实际意义，而这个希望可能来自于海洋，抗肿瘤活性物质一直是海洋药物研究的主要方面。

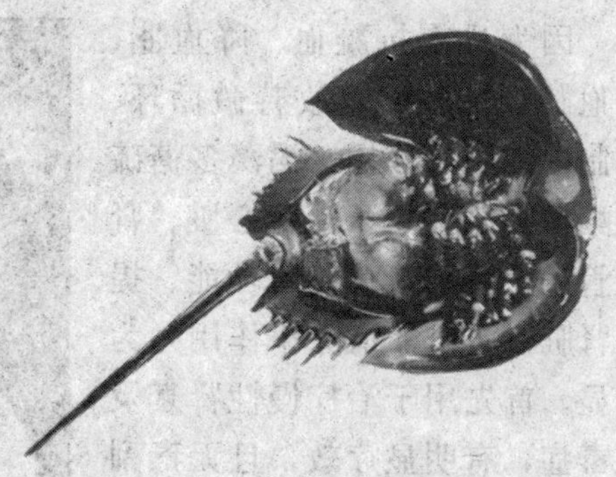
◆中国鲎

现已发现海洋生物提取物中至少有10%具抗肿瘤活性，包括核苷酸类、酰胺类、聚醚类、大环内酯类等化合物，其中阿糖胞苷等已形成药物。美国每年有1500个海洋产物被分离出来，1%具有抗癌活性，目前，已经有很多个海洋抗肿瘤药物进入临床研究，还有更多的处于临床前研究。

海洋生物点评

消炎镇痛

Manoalide是从海洋天然产物中分离得到的最引人注目的活性成分，因为它可以用作磷酸酯酶A2抑制剂，大约30年前已被作为典型的抗炎剂在临床应用。

◆寄居蟹

消化系统类

从海盘车中提取的海星皂苷和总皂苷对胃溃疡的愈合作用优于甲氰咪胍；壳聚糖衍生物对胃溃疡的疗效确切、治愈率高，已进入临床试验。国内某些药厂配合中药制成的海洋胃药在临床上取得较好效果。

泌尿系统类

因为具有抗凝血、降血脂、防血栓、抗肿瘤及改善微循环、抑制白细胞等作用，褐藻多糖硫酸酯在临床上用于治疗心脏、肾血管病，特别对改善肾功能、提高肾脏对肌酐的清除率作用尤为明显。首先用于治疗慢性肾衰及尿毒症，有明显疗效，且无毒副作用，现已按国家二类新药获准进入临床研究。这将是一个非常好的信息。

◆紫海胆

加强传统海洋中成药和中药材的利用

◆对虾

由于海洋生物资源的过度捕捞等许多原因，使天然资源不能满足日益增长的需要，必须增加药源。这就要求有计划地开发海洋传统养殖业，扩大养殖品种，从而制成海洋中成药系列产品，促进销售，同时带动海洋养殖业的发展。

为此，以海洋药用资源与中药资源的优势结合，对确有疗效的民间单方、验方、秘方进行发掘整理，配以海洋药源，加强科学组方，制成使用方便的新剂型。当然这一切必须要很好规划，合理开发。

重新开发功能性食品

◆斑海豹

把海洋生物中的活性成分，制成风味独特、保健功能显著的海洋功能食品，使各个优点统一起来，这有助于拓宽海洋药物的研究领域，具有重大的现实意义。

这些活性物质有许多，它们包括甲壳素及其衍生物、鱼油保健品、海藻保健品、浓缩水解蛋白、牛磺酸、维生素、磷脂质、活性多糖、膳食纤维、矿物元素等。

展望——海洋生物与制药

海洋功能食品发展有它自己的趋势，那就是要针对常见病、多发病和疑难病的不同人群，学会运用多学科的现代高新技术方法，尽可能保留海洋生物的天然特点和营养成分，研究开发高技术含量、高功能、高效益的海洋功能食品新品种。

1. 我国海洋药物研究发展现状。
2. 海洋药物研究目前有哪几方面？

学以致用
——海洋生物的仿生学

海洋生物，它们是一群自然的使者，带给人们以丰富的想象和大胆的设计，这是因为它们都是经过海洋数亿年的精雕细琢，锤炼出了适应海洋生活的奇妙无比的技能。它们各自有独特的本领来适应这特定的环境，它们是人类的良师益友，因为它们启发了我们。

充分利用海洋仿生学的研究成果，将大大加快人类科技产业进步和社会发展的历史进程。通过探索它们的奥秘，完全可能也必然会为发展更加先进的技术提供不尽的源泉。这在远古时代就已经有所体现了。

◆潜艇

早期模仿

早在远古时代，人们就已开始模仿生物了。舟船、舵和桨，就是古人依照鱼的形状以及鱼尾和鱼鳍发明出来的；就连人们的游泳术也是向海洋生物学来的，至今人们不是还习惯地使用“蛙泳”、“豚泳”吗？当然这还只是简单的模仿学习，算不上是仿生学的研究。只有今天这样的科学技术高度发展的时代，我们才有可能真正掌握生物的“秘方”，进而变为发展新技术的“良策”。

真正的启示

◆薄壳结构

◆蛤壳

蛤壳使人类得到建筑巨大薄壳房顶的启示，乌贼启发了喷水拖船的制造；鲎眼促成了“鲎眼电子模型”的诞生，从而使人们可以通过加工各种照片来获得清晰的图像；依据海豚的体形、皮肤结构等特点，设计出的潜艇、鱼雷和小型船只的水下部分，可减少阻力20%～50%等。

另外人类的仿生研究和开发的重要课题，还包括海洋动物对海水的淡化能力，生物光、生物富集的能力，潜水、通信、定位和导航的能力。

仿生学的未来

仿生学是一门年轻的科学，也是一门古老的科学，说它年轻，是因为它的集中、系统的研究只有短短数十年的历史，说它古老是因为古人早就开始了这方面的模仿，然而，尽管还年轻，她已展示出了强大的生命力，做出了许多很有价值的贡献。可以预测，随着人类科学技术的发展，她的前途将是无量的。

生物的进化已有35亿年以上的悠久历史，使海洋成为地球上生命的摇篮，它的广阔，它的深远，为人们提供了无穷的奥秘，等待着人类用智慧去发现，去揭示。

有人预言，21世纪将是生物科学的世纪，将是生物科学与其他科学技术密切融合、相互渗透和促进的时代，因此从人类已有的自然科学历史及其已有的成果来看，从自然科学发展应用趋势上来看，生物科学与技术科学的结合是不可避免的。它不仅能促进生命科学的发展，而且还给科学技术的发展提供一把万能的钥匙，使生物的种种奥妙无穷的机能或规律成为人类科学技术的宝库。在这方面，仿生学，特别是海洋仿生学将扮演一个十分重要、突出的角色。

◆潜行中（想象图）

◆海豚

1. 什么是仿生学？
2. 关于仿生学的例子，你还能举出哪些？

世界的动力——能源物质

美国能源信息署（EIA）最新预测结果显示，随着世界经济、社会的发展，未来世界能源需求量将继续增加。他们预计，2010年世界能源需求量将达到105.99亿吨油当量，2020年达到128.89亿吨油当量，2025年达到136.50亿吨油当量，年均增长率为1.2%。欧洲和北美洲两个发达地区能源消费占世界总量的比例将继续呈下降的趋势，而亚洲、中东、中南美洲等地区将保持增长态势。

◆生物能源与民生

能源现状

随着世界能源消费量的增大，二氧化碳、氮氧化物、灰尘颗粒物等各种环境污染物的排放量逐年增大，化石能源对环境的污染和全球气候的影响将日趋严重。而传统能源物质也日渐枯竭，因此新能源的开发势在必行。一些天然气水合物、含气油页岩、地热、油砂和铀矿资源等非传统能源便纷纷登上舞台。同时生物能源也被提上日程。

海藻与能源

有人推测，21 世纪将出现以海藻为原料生产氢燃料的行业。海藻是当今世界上生物量最大、最古老的植物之一。海藻是制造氧气与食物的重要基础，国外有些研究机构正在研究开发产氢藻和产油藻，利用固定化藻类生产氢能。比如说美国海洋能源研究所已开发出从养殖海藻提取燃油的实用技术。每平方米水面的海藻每年可提取燃油 150 升以上。大面积种植产量将相当可观。海藻可以净化水质，同时也是海洋生物栖息、产卵、觅食的地方，其对海洋生态之平衡与稳定，以及资源之保护有不可忽视的影响力。

◆海藻

巨藻的价值

最具有潜力的海洋生质燃料——巨藻被誉为“海洋速生林”，巨藻在海藻中个体大、生长快、产量高。每公顷产量达 50～80 吨。这相当于每年每公顷将 400 兆焦耳的太阳能转变成化学能，此时，太阳能的转换效率高达 2%。更为可喜的是，海藻生产过程在肥料、人工、机械等方面的成本也较陆地能源作物所需的成本要低。

知识窗

生质能

生质能是指所有有机物，如水生植物、农作物的残渣、牲畜的排泄物、制糖作物、薪柴、城市垃圾及工业废水等，经由各式自然或人为化学处理合成为液体、气体或固体燃料，这种能量即为生质能。

荷兰的立场

积极开发海洋生质农场的国家——荷兰。

◆离岸风能

荷兰可能是国际上最积极开发海洋生质农场的国家了。由于荷兰政府本身早已建立了大规模离岸风能发电园区，整个计划风能发电的装置容量将达到6000MW，海上风机园区涵盖的面积将达1000平方千米。因此，培植绿藻、褐藻与红藻等能源作物的场所完全可以利用风机基地设备而得以解决，而且这样一来，不仅降低整体园区海洋工程开发与建置的成本，更为重要的是减少了海浪破坏风险。

荷兰结合离岸风能发电园区与海洋能源作物农场的全新创意，不仅突破了建置海洋农场相关海洋工程难题，而且海洋作物在天然环境中生长，不易大量收割的困境，也因为采收船机械化收割技术的发明，以及巨藻成藻的叶片较集中于海水表面，而得以有效解决，一举多得。

微藻——新的契机

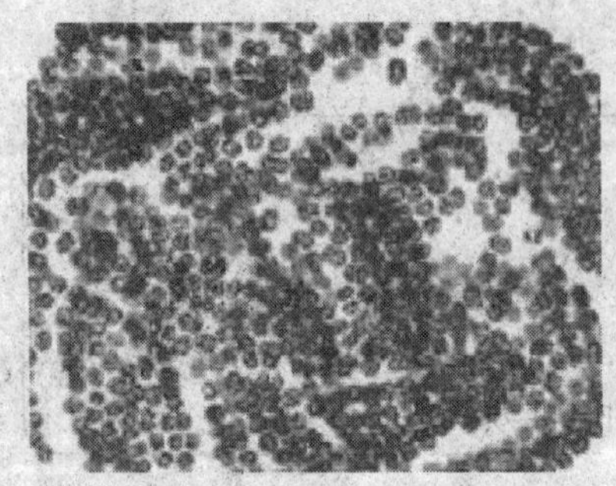
◆微藻

微藻是一种绿色生质能源，自工业革命以来，世界经济大幅度成长，得益于人类大量使用煤、石油、天然气等化石燃料，促使工业快速发展。然而这种毫无节制地开发与使用化石能源却逐渐引发各种问题，其中尤以能源耗竭和温室效应最为严重。

早在1980年就有相关学者提出，使

◆甲醇柴油

用微藻产油作为生质柴油来源的想法，但并未受到重视。直到近年来因原油价格的攀升，开发再生能源的意识逐渐增强，微藻生产生质柴油的想法才受到各界关注。

目前许多人已经意识到，存在着这样一种可能：就是利用微藻生产生质柴油以取代目前的化石柴油。有科学研究表明，微藻生产油脂有一定的优势：在 1 公顷的土地上培养微藻，年产量可高达 100 吨以上，远高于种植其他植物的年产油量。

当然就目前来说，生质柴油每公升成本仍高于化石柴油，可是如果，不，应该说必定，原油的价格会持续上涨，而微藻的培养技术则将不断改善，在这样的情况下，微藻生产的生质柴油取代化石柴油将在不久的将来得以实现。因此关键在于如何降低培养微藻生产优质油脂的成本。

1. 请说说当前能源的现状。
2. 生质能源有哪些好处？

海洋农业和未来生活
——海洋生物农药、肥料与新材料开发

海洋生物中，特别是海藻中有许多种类含有各种活性物质，以及陆地上缺乏的矿质元素。因此海洋生物农药和肥料有很大的发展空间，利用海洋生物各种特性和能力，还可以合成和生产其他新材料。

◆海洋生物与新材料

海洋农业

海藻生物肥作为一种全新的发展领域，是以海藻提取物为核心物质的肥料，作为一种新型的海洋生物制剂，其显著的抗病功效越来越受到国内园艺草坪种植者的青睐。

小书屋

海藻中含有的特殊种类有机物质，可以调节细胞质和叶绿体的渗透压，保护一系列酶在植物受病虫伤害的细胞内转化为活跃的抵抗性化学物质，增强抗虫、抗病菌能力。这也就是海藻肥具有抗病功效的直接原因。

新材料开发

美国科学家正在研究把银胶菊基因转移到海藻，企图利用蓝藻大量生产天然橡胶；日本 TDK 公司从 1988 年起与东京农业研究所合作，研究从磁细菌生产超高密度的磁性记录材料。这些都是海洋生物技术的应用成果。

◆海藻

1. 海洋生物作为肥料与传统化肥比较有哪些好处?
2. 请查阅相关资料，找一找还有哪些新材料是利用海洋生物开发的?

可持续发展
——合理利用海洋生物资源

在自然界中，一切能为人类利用的自然要素都可以称作为自然资源。海洋生物资源属于一种自然资源，但是它和别的自然资源又有不同的特点：它是一种生物圈资源，因此它具有生物的一些特征，比如其重要特征是具有可更新性，这一特征反映出这种资源有生命，有自然更新能力。

如果我们能够合理利用适宜的自然环境，便可以保持生物资源的生态平衡，不断更新繁衍，被人类持续利用，这恰恰就像生物一样。否则，则日趋衰退，崩溃灭绝。

◆海洋生物与海洋污染

海洋生物资源的合理开发

许多海洋生物资源日趋衰退、崩溃灭绝和人类的活动是分不开的。自从航海技术飞速发展后，人们对于海洋不再是如神一样的敬重，而是不断

地、毫无节制地开发和利用，其中滥捕和捕捞过度，是引起许多重要海洋生物资源下降的原因。

◆渔船

这里讲的是世界上许多传统性经济鱼类，都因过度捕捞而日趋衰竭。就拿我国来说，近些年来，中国近海渔业资源也遭受到严重的破坏。

由于大规模使用海底拖网，且网孔越来越小，把大量幼鱼都捕捞上来了。后果是渔获物中成鱼减少，幼鱼增多；优质鱼比例下降，劣质鱼比例大幅度上升。存活幼鱼的减少又直接导致了鱼群的整体数量降低，这样在数量和质量上双向同时下滑。现在，黄海的带鱼和小黄鱼，已形不成渔汛。东海的大黄鱼和带鱼，产量大幅度下降。

其次还有环境的污染导致许多鱼类或其他海洋生物的产卵地遭到严重被坏，甚至是某些海洋生物濒临灭绝。因此保护海洋生物资源，使人类可持续利用，成为海洋资源开发利用的关键。只有保持了海洋生物的多样性，才能保持海洋资源的可持续开发，才能保证人类社会和文明不断进步。

保护海洋生物资源，需要多个方面共同配合才能有成绩，具体来说，一方面必须加强海洋渔业环境保护，尽量预防和消除海洋环境污染，另一方面就是做到合理捕捞，既要使人类捕捞的产量达到最大，又要使海洋生物资源有所增长。其三，可以建立相关法律法规来保证各项工作的落实。

每一种海洋生物资源，每年都会因疾病死亡、被捕食或被捕捞而损失一部分，同时每年又因个体生长和幼体补充而增加一部分。这是自然界正常的法则，而这个补充量与损失量之差，就应该是每年适宜捕捞的数量。

万花筒

合理利用

所谓合理利用，就是根据海洋生物资源分布的区域性特点，从实际出发，因地制宜，按照海洋生物资源的分布、习性等各种特点和规律进行综合性开发和利用。

链接

我国渔业

我国近海渔业资源从20世纪60年代后期起就开始衰退。其中带鱼从年产量一百多万吨降到50万吨左右，而更难以置信的是小黄鱼几乎不见。大黄鱼年产量不足3万吨。

实现海洋农牧化

海洋农牧是开发海洋生物资源的一种新途径化，我们可以理解这就像陆地农业种植庄稼、放牧牲畜那样在海洋中开展海洋生物的养殖和增殖。

目前许多国家都制定了相应的法律法规，包括禁渔区，禁渔期，最小捕捞长度，禁止捕捞亲鱼和幼鱼，还规定最小网目、规格、捕捞工具，最适捕捞量等，并建立相应的监督管理机构和管理队伍。

目前，在鱼类养殖方面，世界上已养殖的鱼类约100种，但能形成规模化的仅20种左右。中国已具有多种经济鱼类人工繁育苗种和网箱养殖、人工增殖的经验和技术。虾类和藻类的养殖在世界上占较大的比重，也是中国的主要养殖品种。我国当前的主要养殖品，贝类约有近100种，主要有牡蛎、贻贝、扇贝、蛤、鲍等。

海水养殖有比较多的优点。首先是海的面积大，因此提供了广阔的水

域可供养殖和增殖，并且有充分的天然饵料，比如说各种元素和化合物，其次可养殖的品种多。正是因为海洋生物的多样性，使得人们可养殖的海洋生物品种也多样。因此国外不少专家预测，21世纪初世界海水养殖产量可比20世纪增加10倍左右。

◆海水养殖

在浅海开展海洋生物的增殖放流是一种不错的方法，不但可以补充自然种群，而且可以提高产量，是实现海洋水产农牧化的重要途径，有着广阔的前景。这具体是利用海洋中天然的生物生产力，选择一些合适的海洋生物种类，把人工培育的种苗，放养到天然海域中，经过一段时间的生长、发育后，再加以捕捞的一种方法。

目前世界上主要海水增殖养殖类型有许多种，比如说全人工养殖、利用人工育种和杂交品种高密度养殖，把人工繁育的苗种，放流到天然水域中增殖；采取天然苗种养成商品规格上市等等。

开发海洋生物新资源

◆无须鳕鱼

世界海洋渔获量分布是不均匀的，首先表现在地域分布不均，而更直接影响到我们人类生产生活的是水层分布不均。据了解，目前，92%的渔获量来自大陆架海区，大洋和深海鱼类捕捞甚少。

深海鱼类主要有蓝牙鳕、长尾鳕、黑鲇鲽、金眼鲷、灯笼鱼、水珍鱼等，大洋上层鱼类主要有金枪鱼等。

深海鱼类种类虽然不丰富，然而深海中大型无脊椎动物资源却相当丰富，而这些深海生物资源的开发，还得依赖于捕捞技术的提高。相信，随着深海捕捞技术的革新，深海鱼类资源的开发将成为今后海洋生物资源开发的主要方向。

在南大洋海域内磷虾有7～8种，数量最多并作为最大潜在渔业资源引起世界各国关注南极磷虾，它是目前人类所发现的生物中含蛋白质最高的一种。

据一些科学家推测，一年捕捞700万吨磷虾，就可以为全世界四分之一的人口每天提供20克高质量蛋白质的食物。而南极磷虾的现有资源是在几亿吨到几十亿吨之间，年可捕量在几千万吨到2亿吨之间。资源相当丰富。目前海洋中尚未开发的资源还有许多，都等着我们去一一探索。

1. 合理开发海洋生物资源有何意义？
2. 请谈谈你对合理开发海洋生物资源有何建议？

我们共同的明天

——海洋生物的未来

保护海洋环境，就是保护我们共同的家园，海洋生物的多样性为我们提供了丰富的自然资源，海洋看似极大，可作为一个生态系统而言，它又是弱不禁风。

世界在工业革命之后发生了翻天覆地的变化，人们的生活水平、物质生产以及思想变迁都经历过重大的转变。然而这工业革命所造就的经济辉煌却是以摧残地球为代价的。近百年来，人类活动对地球环境的影响之巨超过了以往几千年的总和，海洋环境当然也不能幸免。具体来说，主要表现在三个方面：赤潮、溢油和倾废。

海洋的报复——赤潮

在人们眼中，那海天的一抹嫣红，平添了蓝色海洋的姿色，殊不知，这在蓝色的海面突然泛起的“红霞”，其实是一种破坏性很大的自然灾害，称为赤潮。赤潮是由于海域环境的不正常变化，使得海水中某些浮游植物、原生动物或细菌在短时间内暴发性增殖或高度聚集而引起的一种生态异常、水体颜色改变的现象。

◆蓝天碧水一抹红

赤潮的危害

赤潮已引起各国政府和社会各界的普遍关注，我国也不例外，足见它已经成为当今世界的一个灾害。赤潮的危害很大，它不仅恶化着海洋环境，破坏着海洋渔业资源和海洋生态平衡、危害沿海的旅游业和水产养殖业，甚至也直接威胁到人类的健康。有人因误食被有毒赤潮生物污染的海产品中毒，甚至死亡。可见这直接威胁到人类的健康和生命。

链接——赤潮事件

◆赤潮

1986年12月福建东山县海域发生赤潮，结果造成136人中毒、1人死亡的后果，就是由于当地居民误食被有毒赤潮生物污染的贝类；1991年3月28日，广东大亚湾发生了食用赤潮区贝类致4人中毒、2人死亡的惨痛事件。而这些不过是赤潮事件中的一小部分。

人们必须善待海洋，不能再把海洋当成“天然垃圾桶”。

随着我国沿海地区经济的飞速发展，对海洋资源的开发不断深入，而且我国沿海地区是经济发展的重要基地，人口密集，工农业生产较发达，因此导致大量的工业废水和生活污水排入海中。如不加强海洋环境的管理，采取相应的有效措施控制污染物的排海量、避免或减少赤潮的发生，那么由赤潮造成的损失和危害可能还会不断增大。

广角镜——赤潮都是红色的吗?

赤潮并不都是红色，赤潮发生时，依引发赤潮的生物种类和数量的不同，水体会呈现不同的颜色，多是红色或砖红色，也可以是黄色、绿色、棕色或红棕色。赤潮发生时，大量赤潮生物覆盖海面，使空气中的氧气没法进入遭到隔绝的海水中，而赤潮本身的生长和腐化过程中，却消耗大量氧气，从而造成海洋鱼类失氧窒息死亡。有些赤潮生物体还带有毒性。

赤潮的预防

为维护人类的健康，保护海洋资源环境，保证海水养殖业的发展，避免和减少赤潮灾害，我们有必要预防赤潮的发生，当然这不是一朝一夕的事，只有长期坚持才能取得好的效果。具体情况具体分析，但总的来说，可以从以下几个方面入手。

污水入海须控制

海水富营养化是形成赤潮的物质基础。携带大量无机物的工业废水及生活污水排放入海是引起海域富营养化的主要原因。因此，必须按照国家制定的海水标准和海洋环境保护法的要求，对排放入海的工业废水和生活污水进行严格处理，采取有效措施，严格控制工业废水和生活污水向海洋超标排放。

◆污水入海口

监视预报有必要

在赤潮多发区、近岸水域、海水养殖区和江河入海口水域有必要进行严密监视，及时获取赤潮信息。只有提前发现，才能提前想出方法，从而解决这一问题。一旦发现赤潮和赤潮征兆，通过监视网络机构可及时通知有关部门，从而有组织有计划地进行跟踪监视监测，提出治理措施，千方百计减少赤潮的危害。为使赤潮灾害控制在最小限度，减少损失，必须积极开展赤潮预报服务，使赤潮防范工作真正落实。

开发海洋要合理

这些年来的数据表明，赤潮多发生于沿岸排污口，海洋环境条件较差、潮流较弱、水体交换能力较弱的海区。而海洋环境状况的恶化，又是由于沿岸工业、海岸工程、盐业、养殖业和海洋油气开发等行业没有统筹安排、布局不合理造成的。

为避免和减少赤潮灾害的发生，应开展海洋功能区规划工作，从全局

◆赤潮

出发，科学指导海洋的开发和利用。对重点海域要作出开发规划，减少盲目性，做到积极保护，科学管理，全面规划，综合开发。

另外，海水养殖业应积极推广科学养殖技术，加强养殖业的科学管理。控制养殖废水的排放。保持养殖水质处于良好状态。

搞好宣传很重要

赤潮一旦发生，其后果相当严重。因此，要经常通过报刊、广播、电视、网络等各种新闻媒介，向全社会广泛开展关于赤潮的科普宣传，通过宣传教育，增强抗灾防灾的意识和能力，同时也呼吁社会各方面在全面开发海洋的同时，高度重视海洋环境的保护，提高全民保护海洋的意识。这样做是有必要的，因为我们只有保护好海洋，才能不断向海洋索取财富，反之，将会带来不可估量的损失。

1. 赤潮的危害如何？
2. 怎么预防赤潮？

看到那海天遮蔽——溢油

我国海上船舶溢油污染的形势也很严峻。海洋资源是我国自然资源的重要组成部分，海洋经济在我国的国民经济中有着非常重要的地位。拥有18000千米的大陆海岸线和众多的岛屿，我国管辖海域面积近300万平方千米，随着我国海洋经济的迅猛发展，海上活动船舶数量的迅速增加，船舶溢油污染的形势日趋严峻。

◆消油剂喷洒装置

溢油进入海洋后对海洋环境的危害也是多方面的，因为油本身具有毒性，故而从自然环境到野生动物、从自然资源到养殖资源等都会受到不同程度的危害。溢油事故往往会造成长期的后果，因此发生时，应立即采取应急措施保护这些资源。

对浅水域及岸线的影响

浅水域作为海洋生物活动最集中的场所，有大量的贝类、幼鱼、珊瑚

◆事故处理

等活动在该区域，也包括海草层。因为这些生物对环境有一定的要求，因此溢油对该类水域的污染问题异常敏感，造成的危害在社会上反应强烈。

而溢油对岸线沙滩的污染威胁，对旅游业来说就是一场灭顶之灾，所有靠海滨浴场、沙滩发展的旅游业都会受到影响。好在靠海滨浴场、沙滩发展的旅游业是有季节性的，在溢油发生的初始阶段就要认真考虑这一问题，以便及时采取措施，把溢油对旅游业的影响控制到最低程度。

对码头、工业的危害

如果溢油发生在码头和游艇停泊区，其危害也是比较大的，因为一般在那种情况下要对港区水域进行清理，这势必会影响到船舶的进出港，而且这种清理价格不菲。更严重的是，如果岸线设有工厂取水口，那么油进入工厂设备系统，会造成设备的毁坏，甚至造成一个工厂的关闭。当然盐业和海水淡化等都会受到溢油污染的直接危害，造成经济损失。

◆溢油

对鸟类的危害

在溢油事故发生时，从保护自然生态的角度急救鸟类的工作是非常重要的，因为海面上的溢油对海洋生物危害最大的莫过于海洋浮游生物及以鱼类为食的鸟类，尤其是潜水摄食的鸟类。因为它们的羽毛会浸吸油类，当接触到油膜后导致羽毛失去防水、保温能力，另一方面它们因不能觅食而用嘴整理自己的羽毛时，会摄取溢油，损伤内脏。最终它们会因饥饿、寒冷、中毒而死亡。

对浮游生物的影响

◆无辜的鸟

浮游生物也是比较容易受污染的，原因是一方面它们对油类的毒性特别敏感，另一方面浮游生物与水体是连成一体的，海面浮油会被浮游生物大量吸收，并且，它们不可能像海洋动物那样避开污染区。一旦浮游生物受到污染，其他较高级的海洋生物也会被影响。

对渔业、水产业的影响

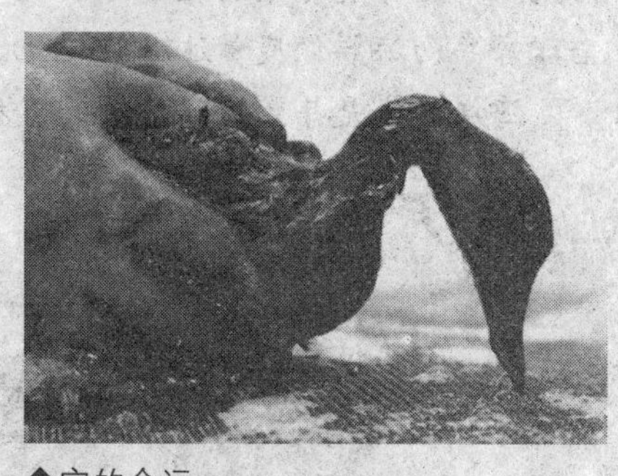
◆它的命运

当海洋受到污染后，海洋养殖业中养鱼场网箱里的鱼因无法逃离，而被污染。受溢油污染后的鱼不能食用。同样的道理，近岸养殖的扇贝、海带等也是如此。而这种用于养殖的网箱受油污染后，几乎难以清洁，须更换后才能彻底消除污染，其费用是十分昂贵的。

溢油危害程度

溢油对环境的危害程度还与环境自身的特征有关。常常根据发生地点是否是敏感区，溢油发生的季节是否是鱼类产卵期、收获期，以及不同的海况，来判断溢油的危害程度。

小知识

相同规模的溢油事故，发生在开阔水域要比发生在封闭水域的危害程度低；发生在海洋生物生长期要比发生在其产卵繁殖期的危害低。

对人类活动的无奈——倾废

海洋倾废是指人类向海洋倾泻废弃物，它包括疏浚工程的泥沙、工业废物、污水软泥、旧建筑物破坏碎屑、炸药和放射性废物等。海洋倾废作为减轻陆地环境污染的处理方法之一，许多国家都用此法处理废物。以致全球每年向海洋倾废量达 200 亿吨。海洋倾泻放射性废物总量不断增加。

海洋倾废是导致海洋污染的直接因素之一，已引起人们广泛关注。

◆合理倾废

防止倾废的措施

可以采取多种方式进行治理，使得在经济总量和污染物产生量有较大增长的同时，污染物排放总量得到较好的控制，污染物入海总量有所减少，比如严格控制陆源、船舶和养殖污染物的排放，加大综合整治力度，推行清洁生产审核，调整产业结构，强化源头控制，规范建设项目环境管理等。

加强治理

加强重点工业污染源的治理，推行清洁生产。采用高新技术改造传统产业，减少工业废物的产生量是措施之一，这样可以实现污染物的减量化、无害化和资源化。

控制排放

控制农业面源污染和海水养殖污染也是方式之一，可以通过生态省、市、县的创建活动，积极发展生态农业，减少化肥和农药的施用量，规范畜禽养殖场建设，污染物集中处理，达标排放。颁布海水养殖污染物排放标准，严格控制海水养殖规模，推广生态养殖和立体养殖，减少污染物的排放量。

建立新机制

◆加强查处

沿海地带可以严格控制船舶和港口污染。通过加强船舶污染防治法制化建设，建立以“协作共商、预防预控、诚信管理”为内容的工作新机制，加强船舶污染事故应急反应能力建设，严格执法，规范管理等举措，使船舶和港口的污染治理情况逐年改善。而其中的一个关键是启动船舶油类物质污染物零排放，实施船舶排污设备铅封制度。

建立大型港口废水、废油、垃圾回收处理系统，实现船舶污染物的集中回收，岸上处理。

正如前文所述，我们还必须防止海上倾废和海上石油污染。

这就要求我们严格执行海洋倾废条例及环评制度，严格管理和控制向海洋倾倒废弃物，并加强对倾废过程的监管和环境的监测。要求钻井、采油和作业平台配备相应的油污水处理设施，达标排放。

1. 什么是倾废？
2. 我们应该怎样防止这类事件发生？

护航主力
——制定相应的法律法规

保护海洋环境，保护海洋生物，关键还是要有一定的法律法规，使人们有所遵守，也使执法者有法可依，在这方面我们也已经制定了一些，同时也签署了许多国际性的海洋法规，充分体现了我国政府对保护海洋环境的重视。

◆法规全书

法律法规保护海洋

经济要发展，但不能以破坏环境为代价，不然会祸害子孙后代。

近年来，我国在参与和推动国际环境合作与交流方面日益活跃，扩大了影响，树立了负责任的环境大国的形象。我国是区域海行动计划、东亚海行动计划与西北太平洋行动计划的成员国之一，并且积极参加 UNEP 倡导实施的防止陆上活动影响海洋全球行动计划。同时，积极履行国际环境公约和国际环境义务。在双边和多边、区域国际合作中，坚持“以外促内”的原则，国际海洋环境合作项目为我国提供了重要的技术支持，有力地推动了我国的海洋环境保护工作。在红树林、海草、珊瑚礁及湿地保护、防止陆源污染海洋、海岸带综合管理等方面取得了明显的进展。

知识窗

UNEP

联合国环境规划署（United Nations Environment Programme，简称 UNEP）成立于 1972 年，总部设在肯尼亚首都内罗毕，是全球仅有的两个将总部设在发展中国家的联合国机构之一。到 2009 年，已有 100 多个国家参加其活动。

海洋方面相关法规

海洋方面相关法规：

海洋环境保护法
国家自然保护区条例
海洋自然保护区管理办法
全国生态环境保护纲要
湿地公约
海洋特别保护区工作实施方案

◆海洋环境保护法

自觉保护，从我做起

星星之火可以燎原，加强个人意识，从我做起，从自己做起，带动身边的人一起参与到这个伟大的行动中去吧。因为仅有法律约束远远不够，还有必要加大宣传力度，每个人自觉约束自己，从我做起，从小事做起，不仅对于海洋环境如此，还包括保护地球——人类共同的家园。

1. 有关海洋保护方面的法律法规有哪些？
2. 你认为应该怎样带动身边的亲友，共同参与到保护海洋环境中去？